工业技术软件化——浙里看发展

浙江省工业软件产业技术联盟　组织编写

ZHEJIANG UNIVERSITY PRESS
浙江大学出版社
·杭州·

图书在版编目（CIP）数据

工业技术软件化：浙里看发展 / 浙江省工业软件产
业技术联盟组织编写. -- 杭州：浙江大学出版社，
2025. 4. -- ISBN 978-7-308-25842-5

Ⅰ. TP311.52

中国国家版本馆 CIP 数据核字第 2025LV3190 号

工业技术软件化——浙里看发展
GONGYE JISHU RUANJIANHUA——ZHELI KAN FAZHAN

浙江省工业软件产业技术联盟　组织编写

责任编辑	金佩雯
文字编辑	王怡菊
责任校对	叶思源
封面设计	戴　祺
出版发行	浙江大学出版社
	（杭州市天目山路148号　邮政编码310007）
	（https://www.zjupress.com）
排　　版	杭州晨特广告有限公司
印　　刷	浙江新华数码印务有限公司
开　　本	710mm×1000mm 1/16
印　　张	11.25
字　　数	140千
版 印 次	2025年4月第1版　2025年4月第1次印刷
书　　号	ISBN 978-7-308-25842-5
定　　价	88.00元

组织单位

浙江省电子信息产品检验研究院

序

工业技术软件化:创新驱动,赋能新质生产力发展

在全球制造业加速迈向数字化、智能化的大背景下,工业技术软件化已成为驱动产业升级和经济转型的核心动力。软件化赋予传统工业技术以"智慧",将先进的信息技术深度融合到工业生产体系中,以实现生产全过程的数字化、智能化和精准化。这一趋势不仅关乎产业技术的更新,更为区域经济的发展提供了新的动能。

工业软件通过为传统设备集成感知、分析和决策功能,驱动工业生产体系突破机械化和自动化的局限,实现智能化演进。这一技术变革使工业系统在复杂多变的生产环境中能够自主优化流程和动态调整策略,从而实现更加高效和精准的运作。例如,在航空制造领域,工业软件将虚拟仿真与智能控制深度融合,在优化零部件设计与生产流程的同时,显著缩短了研发周期,提升了整体制造精度和质量;在能源管理领域,工业软件通过整合大数据与人工智能,实现了电网运行的智能化调度和精准化监测,大幅提高了能源利用效率。这些高端应用场景生动地展示了工业技术从单一功能向系统集成与智能协同的跃迁。可以说,工业技术软件化不仅是全球制造业转型升级的必经之路,更是构建未来工业体系的关键支柱,为未来全球工业的智能化奠定了坚实的基础。

《工业技术软件化——浙里看发展》一书,立足浙江这片数字经济的沃土,深入剖析工业技术软件化在推动制造业转型、实现智能化升级方面的典型实践和创新成果。作为一名科技工作者,我对这本书的面世深感欣喜。

浙江是制造业大省,同时也是中国数字经济的领跑者。传统制造业与新兴数字技术的深度融合,为浙江实现从"制造"到"智造"的转型提供了独特优势。从数字经济的发展到工业互联网的应用,从装备制造的智能化改造到生产管理的数字化转型,浙江以其敏锐的技术洞察力和强大的创新能力,走出了一条独具特色的发展道路。在该书的多个案例中,

通过工业互联网平台,企业成功实现了生产全过程的实时监控和优化;通过数字孪生技术,企业在虚拟环境中完成了产品多轮设计和性能优化,从而显著缩短研发周期。这些实践不仅展现了浙江企业在工业技术软件化中的探索和创新,也为行业提供了宝贵的经验。

更重要的是,浙江在推动工业技术软件化过程中,注重因地制宜和特色化发展。例如,杭州等城市依托数字经济优势,重点发展高端装备制造和工业互联网平台;而宁波、台州等城市则聚焦装备制造和传统工业的智能化改造。这种差异化的发展路径,是浙江在不同产业领域探索工业技术软件化的典型实践,为全国提供了多样化的解决方案参考。

在"创新浙江"建设的大背景下,工业技术软件化的战略意义日益显现。随着科技创新和产业升级步伐的加快,工业技术软件化已成为提升制造业核心竞争力的重要手段。特别是在全球化竞争日益激烈的今天,工业技术软件化不仅能促进产业链的延伸和重构,还能为企业提供前瞻性的创新能力支撑,帮助企业提前洞察市场趋势和需求变化,从而使其在全球制造业竞争中占据有利位置。推进工业技术软件化,既是浙江建设创新型省份的必然要求,也是其打造全球先进制造业基地的关键一步。

《工业技术软件化——浙里看发展》一书,通过对浙江经验的深度剖析,为中国制造业的转型升级提供了重要的理论支持和实践指南。我相信,该书将启发读者不断深入思考工业技术软件化的价值,激励更多企业和从业人员投身这一领域,为浙江乃至中国制造业的高质量发展贡献力量。

全国政协常务委员
中国工程院院士
浙江大学工学部主任
浙江大学高端装备研究院院长
浙江省工业软件产业技术联盟理事长

前　言

　　工业软件作为工业技术软件化的成果,被誉为现代产业体系的"灵魂",其创新、研发、应用和普及水平已成为衡量一个国家制造业综合实力的重要指标。工业软件是促使工业从要素驱动向创新驱动转变的动力,是确保工业产业链安全与韧性的根本所在,也是促进我国智能制造高质量发展、提升工业国际竞争力的关键核心。它可以释放无限的新质生产力,对拉动国民经济和促进相关产业转型升级起到不可替代的作用。从智能制造到物联网,从机器学习到大数据分析,工业技术软件化的应用无处不在,深刻地改变着传统工业生产与管理的方式。立足于信息时代的今天,面对中小企业数字化转型的困境,面对国产工业软件应用与推广的难题,我们能够做点什么?

　　浙江省工业软件产业技术联盟(以下简称"联盟")自2022年成立以来,深入贯彻落实习近平总书记考察浙江重要讲话精神,以及全国新型工业化推进大会部署要求,积极把握我国软件技术和产业发展向新出发、向高攀升、以融提效的重大机遇,以"创新驱动、技术突破、支撑发展、合作共赢"为宗旨,聚焦创新引领、聚焦合作共赢、聚焦应用推广、聚焦服务企业,为推进工业软件高质量发展贡献力量。两年来,联盟通过搭建平台,促进经验交流分享,倡导自主创新,努力为工业软件发展营造良好环境,并征集和遴选出一批具有行业代表性的、体现浙江特色的优秀应用案例。整理汇编为本书,意在向读者展示软件技术在工业领域中的广泛应用和深刻影响,为工业企业的数字化转型提供参考和借鉴,以期更好地实现工业软件对制造业的技术赋能、杠杆放大和行业带动作用。

　　本书共汇编案例50个,涵盖了工业技术软件化应用的多个领域,包括但不限于汽车零部件制造、飞机船舶、食品医药、能源开采等,囊括了从传统制造到智能制造的转型、从生产端到供应链端的全方位创新,并参考《中国工业软件产业白皮书(2020)》中的定义,根据案例所涉及产品分类将其划分为研发设计、生产制造、经营管理和运维服务四大类别。

案例介绍按照统一格式编排,包括项目背景、项目概况、应用成效等内容,详细说明了软件技术在该行业中的应用场景、解决方案、实施过程以及取得的效果。每个案例都是实践的成果、经验的总结,对于推进新型工业化、建设制造强国,以及加快工业知识的沉淀、推广和复用都有着积极作用。

本书凝结了行业中众多参与者的智慧。工业企业的管理者和技术人员可通过本书更全面地了解工业技术软件化的现状、趋势和实践经验,获得企业的数字化转型指导和启示;软件开发人员可通过本书了解工业领域的需求和挑战,进一步认识软件在工业领域中的重要作用,理清开发适用于工业场景的软件解决方案的思路和方向;研究者和学生则可将本书作为学习和研究工业技术软件化的参考资料,从而更加深入地了解工业领域的软件化趋势和发展动态。

最后,我们要感谢所有为本书提供案例的企业以及本书所有编写人员。从不断被案例参与者的实践业绩激励,到开始收集行业发展过程中的一手资料;从逐步梳理形成有线路、有阶段、有特点的概要,到集结成册出版,花费的时间与精力超出了起初的想象,其中的每一步都离不开他们的支持和帮助。

我们深信,工业技术软件化是未来工业发展的必然趋势,也是实现工业高质量发展的关键路径之一。希望本书能激发更多创新思维,推动工业发展迈向更高水平。

目　录

第一部分　研发设计类

第二部分　生产制造类

———

第三部分　经营管理类

第四部分　　运维服务类

———

研发设计类

通用吊耳力学分析专业软件应用

——浙江远算科技有限公司

一、项目背景

能源、化工等行业中大量使用的大型、重型设备在工程建设中，以及设备安装、维修和运输过程中都需要通过起重吊装作业。吊耳的强度和稳定性直接关系到蒸汽发生器、反应堆压力容器、泵等重型设备的吊装过程的安全，因此对吊耳进行分析校核是至关重要的。但吊耳分析需要考虑的因素较多，如是否使用非标吊耳、吊装设备重量、吊索角度、吊耳有无垫板、有无系揽环板、设备卧竖情况等。目前，吊耳分析过程中普遍存在的问题如下。

①部分现场工程师难以胜任校核工作，需寻求专业人员协助，工作效率较低。

②校核以公式计算为主，若遇非标吊耳或其他特殊情况，需使用有限元计算辅助，分析门槛较高。

③分析完成后，需依靠人工完成校核成果编写，人力成本、时间成本较高。

④目前常用工具有较多应用限制，难以在施工现场有效使用。

针对上述问题，浙江远算科技有限公司开发了一款通用吊耳力学分析专业软件。

二、项目概况

通用吊耳力学分析专业软件是一款全中文界面的国产化专业分析软件，可广泛应用于能源、化工等领域。该软件针对通用吊耳的力学分析场景，引入力学分析常用公式以及有限元分析技术，形成一套完整的标准化分析流程；可根据不同行业的规范标准对通用的标准和非标吊耳进行评定，给出准确的分析结果和详尽的评定报告。该软件克服了能源、化工等领域传统软件功能单一、不够直观、操作复杂、入门困难等缺点，采用先进的架构和交互设计理念，达到现代化软件的使用要求，可满足企业数字化转型需求。

通用吊耳力学分析专业软件包括公式计算和有限元分析两大功能模块。

（一）公式计算

公式计算是吊耳分析校核的主要方式，一般需要专业人员基于相关规范定义公式，手工计算完成。公式计算模块提供了全套的公式计算可视化界面，从吊耳样式选择、参数输入到结果计算，均有图像直观展示，操作简单明了，计算快速精准，并可自动生成工程报告。相较于现有公式计算工具，该软件更能满足低门槛和高效率的业务需求。

（二）有限元分析

针对非标吊耳以及公式计算校核失败的情况，可将有限元分析模块作为补充。有限元分析模块覆盖完整的仿真流程，包括吊耳选型、材料设置、载荷设置，基于吊耳分析场景优化输入参数，仅保留少量必要的设置项，可一键完成模型生成、网格划分和仿真计算，并可基于行业规范自动完成校核路径寻找、评定校核以及生成报告，如图1所示。有了有限元分析模块，不需要专业仿真工程师协助，现场工程师就能独立完成分析校核工作。有限元模块基于国产化仿真软件开发，可助力企业规避国际风险。

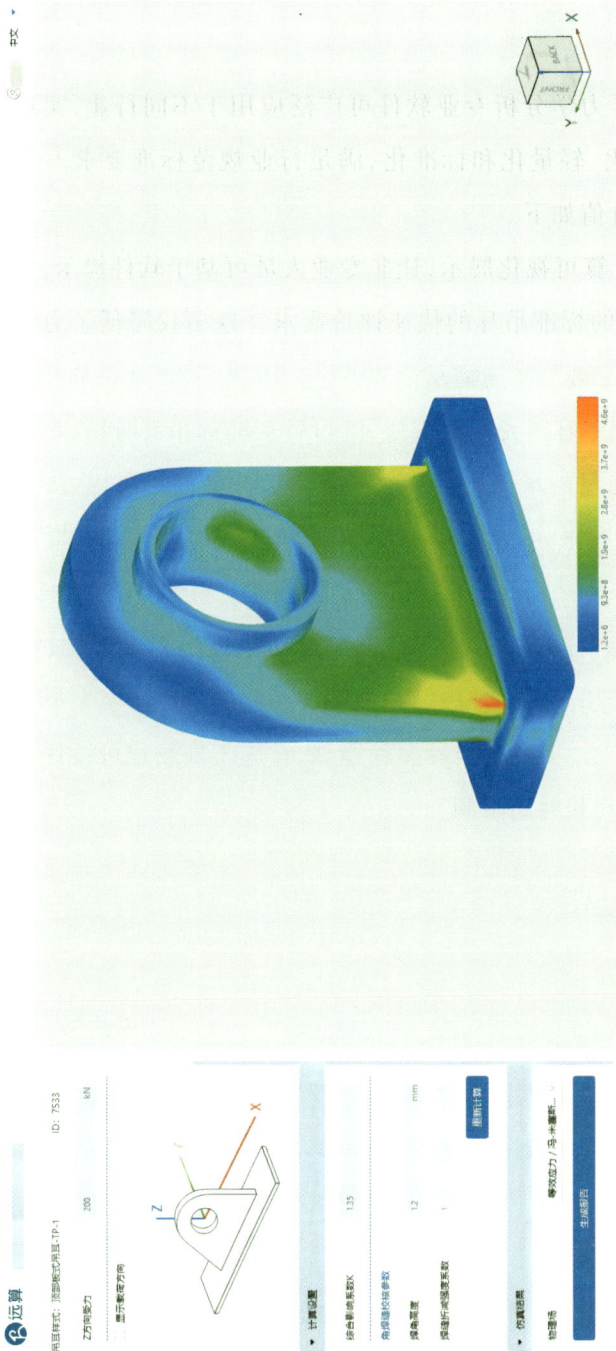

图 1　有限元分析模块界面

三、应用成效

通用吊耳力学分析专业软件可广泛应用于不同行业,实现吊耳力学分析的自动化、轻量化和标准化,满足行业规范标准要求。分析软件为用户带来的价值如下。

①公式计算可视化展示,让非专业人员可基于软件提示,完成分析流程,满足80%的标准吊耳的快速评价需求。这不仅降低了力学分析的门槛,而且更满足现场实施需求。

②提供常用有限元分析模块,既可针对非标吊耳分析,也可针对部分公式计算未通过的场景进行二次验证。该软件简单易用,仅需输入少量参数,就可将有限元计算周期缩短至原先的20%,进而大幅度提高工作效率。

③根据预设的自定义模板,一键自动生成工程报告,减少人力成本投入。

④支持电脑、平板电脑等多种终端,在施工现场也可以快速完成分析校核,突破空间和时间限制。

基于三维模型的制造业研发设计
协同解决方案应用

——杭州新迪工软数字科技有限公司

一、项目背景

欧菲光公司2010年在深圳证券交易所上市,主营微摄像头模组、指纹识别模组等微电子业务,触摸屏与触控显示全贴合模组和智能汽车电子产品与服务。该公司拥有行业顶尖的研发人员近5000人,目前在国内有南昌、深圳、苏州、天津、广州五大生产基地,此外分别在美国圣何塞、日本东京和熊本等地设立了研究中心;同时不断进行产业垂直整合,向产业上游延伸,聚焦技术壁垒更高的领域,以持续保持行业领先优势。该公司原先主要使用国外三维CAD软件。目前,主流的CAD厂商有达索、西门子、PTC等,这些品牌由于软件单价高,需求响应慢,难以适应国内快速发展的现状;同时CAD的市场销售方式慢慢切换成租赁形式,国外厂商无法提供长期、稳定的CAD工具。在我国加快实现高水平科技自立自强的大趋势下,亟须自主研发国产的三维CAD软件进行替代。

经过考察,欧菲光公司认为杭州新迪工软数字科技有限公司开发的新迪三维CAD软件能够在实现软件国产化替代的同时,满足所有产品设计需求。

二、项目概况

新迪三维CAD软件可有效帮助企业改善设计研发环境,通过国产化软件替代的方式,提高人员设计效率,进而降低企业软件资金投入,并能实现企业历史数据的有效迁移,避免历史数据无法重复利用导致的重复设计现象。软件操作具有易学易用的特点,能降低工程师的学习成本,确保设计工具的平滑切换。其三维设计界面如图1所示。

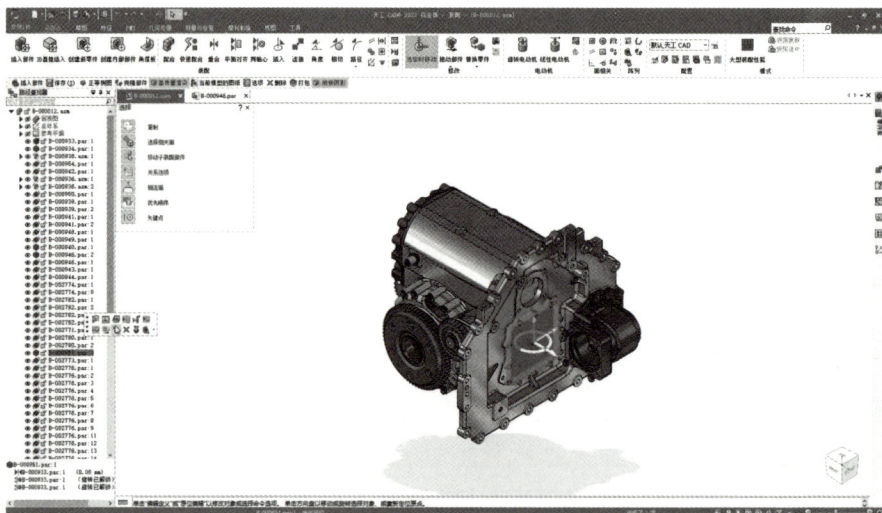

图1　三维设计界面

三、应用成效

新迪三维CAD软件提供了齐全的设计功能,能很好地满足工程师的设计需求。该软件的操作方式与原有国外三维CAD软件类似,因此工程师可以快速上手,加快切换进程。稳定的软件系统确保工程师在设计过程中能够平稳工作,并为工程师提供可靠的设计环境。同时,该软件可兼容异种CAD数据,并可实现批量数据迁移,确保公司的历史数据可重复利用。软件功能全面满足企业在产品研发设计上的各项需求,可以有效解决企业无法继续使用国外软件而导致的工作停摆问题,帮助企业实现软件平滑替代。

此外,新迪三维CAD软件可将原有不同格式的数据转为新迪格式或者STEP格式,通过统一数据源实现统一设计、统一管理。同时,该软件从零部件设计与装配、BOM属性添加、工程图纸制作及关联属性等方面出发,规范设计流程,从而提高设计效率,提升产品品质。

基于模型的航天器创新研发应用

——杭州华望系统科技有限公司

一、项目背景

我国在载人航天、深空探测等领域的研究不断深入和拓展，对航天器的稳定性、使用寿命等性能指标提出了更高的要求，对创新性的要求也不断提高，这导致新型航天器的研发难度大幅提升。一方面，由于在研制过程中大量成熟型号的航天器技术方案、实物数据会被沿用，需要对大量的经验数据进行有效管理，并且需要保护知识产权，实现不同承研单位之间的接口同步和更新，从而对信息传递和技术状态控制提出了更高的要求。另一方面，随着航天器型号复杂性的提升和预定研制周期的缩短，在航天器研发中引入MBSE理论和方法的需要日益迫切。

二、项目概况

相比基于文档的传统研发模式，华望基于模型的创新研发模式，以航天器研发过程中复杂的接口信息为突破，引入MBSE三大要素，即华望建模方法论、华望建模工具M-Design、华望基于SysML的领域建模语言，建立航天器接口信息形式化表达方法。该方法解决了接口信息一致性、匹配性、可追溯性、可视化等关键问题，从而提高了系统总体设计人员的设计效率与设计质量，缩短了航天器系统的研发周期。

三、应用成效

某航天科技研究院选定华望建模软件M-Design,构建以MBSE为核心的全周期、多领域数字化整体解决方案,搭建航天器数字化系统设计平台。该数字化系统设计平台应用华望提出的基于模型的系统设计方法,通过分析任务要求,对航天器系统进行"需求—功能—逻辑—物理"的逐层分解;综合运用需求、仿真、优化平台的优势,建立起模型之间的关联关系,进而实现需求自上而下追溯的功能,确保需求捕捉合理、准确,同时支持需求早期确认与验证和后期测试覆盖性分析;优化原有航天器接口表,建立基于SysML的航天器接口信息模型化表达方式,便于技术要求的下发和归档,如图1所示。

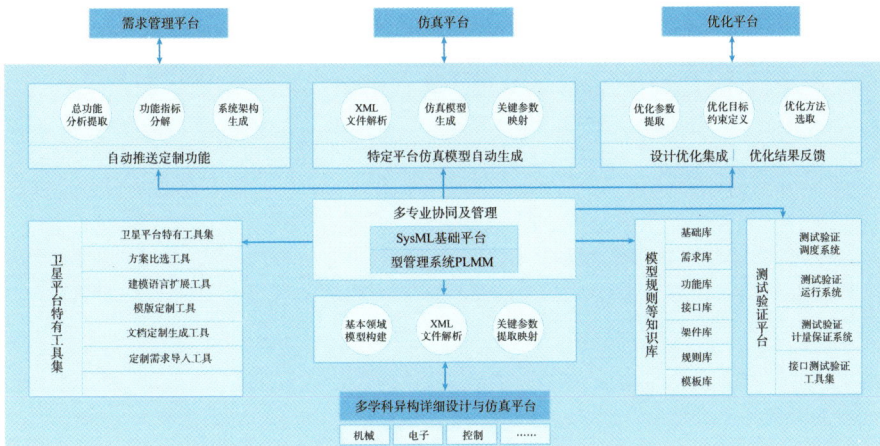

图1 数字化系统设计平台

以航天器系统的能量动态平衡分析为例,设计师可对各个分系统的工作模式进行建模,将其状态定义为开机、关机。分系统处于开机状态时,会受到光照期和阴影期的影响。在仿真运行时,该软件可根据不同任务情景下各分系统的工作模式以及实际光照情况,绘制系统的放电深度变化曲线,进而实现航天器系列能量动态平衡分析,如图2所示。

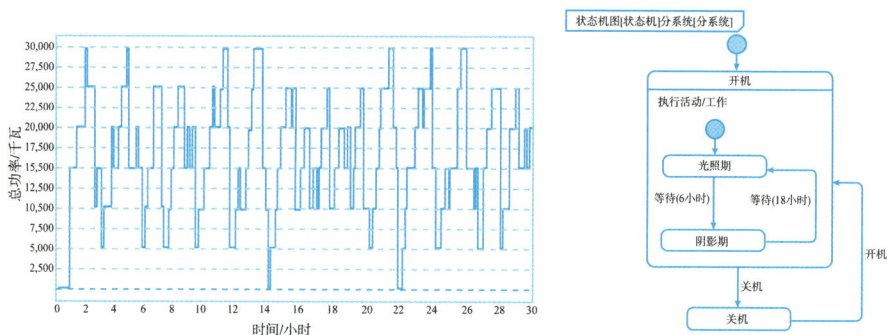

图2　航天器系统能量动态平衡分析

该研究院以MBSE为核心,推进全生命周期的数字化转型,规范了航天装备产品自顶向下的业务流程,建立了全新的数字化系统设计模型,并以此为核心,构建起全生命周期的数据链路。

基于SkyEye的航空发动机全系统仿真

——浙江迪捷软件科技有限公司

一、项目背景

航空发动机是制造业皇冠上的"掌上明珠",其研发是极为复杂的系统工程。传统的航空发动机研发通常依靠实物试验发现设计问题,采用"设计—试验验证—修改设计—再试验"反复迭代的串行研制模式[1],周期长、耗资大、风险高。未来航空发动机的技术复杂程度、性能指标以及安全性要求越来越高,产品研发难度显著增大,研发进度愈加紧迫。传统的研发模式已难以满足发展需求,而基于模型的仿真或数字孪生技术是助推航空发动机未来研发模式变革的重要手段。

由浙江迪捷软件科技有限公司自主研发的天目全数字实时仿真软件SkyEye能够大大降低发动机的研发成本,缩短研制周期,为软件开发及测试过程中的薄弱环节补上至关重要的一环。

二、项目概况

SkyEye是基于可视化建模的硬件行为级仿真平台,可为嵌入式系统提供虚拟化运行环境。开发、测试人员可在该虚拟运行环境中进行软件开发、软件测试和软件验证。目前,SkyEye已应用于航天航空、防务、轨道交通、汽车电子、通信等多个行业,让客户摆脱嵌入式软件研发过程中对硬件的过度依赖,从根本上提升软件研发效率,降低研发成本,缩短研发周期。

在某航空发动机系列仿真项目中,SkyEye作为航空发动机仿真系统的控制基础和功能核心,在仿真过程中提供仿真模型管理、仿真配置、仿真节点管理、多仿真节点同步等功能,以及提供仿真人机交互手段。基于SkyEye的航空发动机仿真系统架构如图1所示。在该项目中SkyEye通过两个主控、两个伺服及一个健康监视系统,对真实的发动机控制系统进行仿真;通过模拟整个系统的硬件及定制总线(包括航空659、1394、1553B等复杂总线),建立系统和外部指令,实现数据监视上位机的连接。使用人员可在不具备真实硬件的条件下对该发动机控制系统进行7×24小时仿真验证。

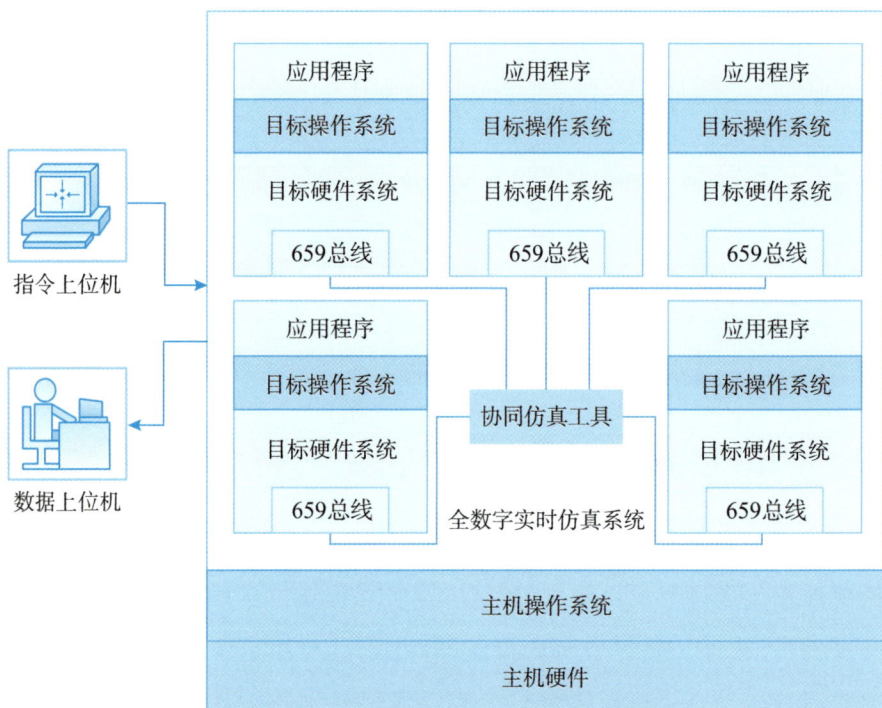

图1 基于SkyEye的航空发动机仿真系统架构

三、应用成效

SkyEye 解决了航空发动机系统的体系结构集成、数据集成、设计过程集成、应用集成等关键技术问题。该仿真系统运行稳定,通用性强,操作简单,用户界面友好,已应用于相关部门的科研工作中,可为开发和测试人员带来极大便利,具体如下。

①打破硬件限制。SkyEye 虚拟化环境可复制、可移植、易维护的特性有效解决了传统模式下分布式开发被硬件环境所掣肘的问题。工程师可随时访问目标系统,快速搭建虚拟硬件模型并提前进行开发、测试和验证工作。

②支持分布式团队协同工作,提高开发效率。SkyEye 支持以容器的形式封装在 Docker(开源的应用容器引擎)中,部署在云端环境,让分布式团队可随时访问、协同工作、提升效能。

③大幅度降低开发成本。SkyEye 的应用能够使调试时间节省约35%,测试成本减少约50%,产品上市时间缩短约66%。

参考文献

[1]曹建国.航空发动机仿真技术研究现状、挑战和展望[J].推进技术,2018,39(5):961-970.

超真云引擎多种功能工业设计软件应用

——杭州炽橙数字科技有限公司

一、项目背景

在先进制造业领域,数据作为新型生产要素的重要性日益凸显。然而,工业场景的复杂性、异构多源性以及数据多样性(例如时序数据、关系数据、非结构化数据)的交织存在不利于实现工业数据的有效采集、整合、治理和利用。推动数据资产化进程仍面临多方挑战。作为新能源汽车传动部件"头雁"未来工厂,浙江双环传动机械股份有限公司(以下简称"双环传动")内部生产管理系统较多,该公司迫切需要利用数字孪生、虚拟仿真等技术搭建齿轮数字孪生系统,模拟整个一号线的齿轮自动化生产线,以实现齿轮自动化生产作业过程的实时三维虚拟仿真以及生产数据的实时分析和管理。

对于这些问题,杭州炽橙数字科技有限公司(以下简称"炽橙科技")自主研发的超真云·工业智能交互底座具有良好的适用性。

二、项目概况

对比其他数字孪生平台,基于超真云·工业智能交互底座的数字孪生系统不仅可实现数据可视化,还具备数据中台的数据处理能力,可快速搭建集生产制造管理、企业资源管理、可视化决策分析、协同供应于一体的可视化平台,实现各个流程节点之间的数据和信息交互,并可对生产过程中的综合数据进行可视化管理、分析和挖掘,构建全生命周期管理、数据闭环、智能制造的产品制造系统。炽橙科技为双环转动提供的这套数字孪生系统,具备全过程、全要素的数据处理、分析、管理能力,可实现齿轮自动化生产过程的全流程实时在线三维虚拟仿真展示,包括工艺参数、产品加工工艺流程、生产资源等各类数据,实时监控齿轮生产任务执行进度、生产现场作业状态、生产资源状态;对产线过程实施多维度统计,监控生产资源配置,提升生产资源配置的及时性,减少对生产任务的影响。

为推动多个生产管理系统之间的数据协同、复用、融合创新,双环传动选择炽橙科技自主研发的超真云·工业智能交互底座(数字孪生系统是其中的一个工具引擎),利用超真云引擎等低代码工具集,构建了3D产品手册、XIETM系统和数字孪生工厂等数种组件,并与双环D-MOM数字化制造运营管理平台进行集成,打通了设计工艺和生产工艺之间的数据孤岛,通过系统集成将工艺人员制作的CAXA图面(通过北京数码大方科技股份有限公司的CAXA软件制作)直接转换为D-MOM系统中的结构化数据,实现了产品设计、工艺变更、工艺下发、工艺审批等全流程的工艺管控,助力双环集团与子公司之间实现数据协同,成功打造了双环无纸化生产车间。数字孪生系统功能架构如图1所示。

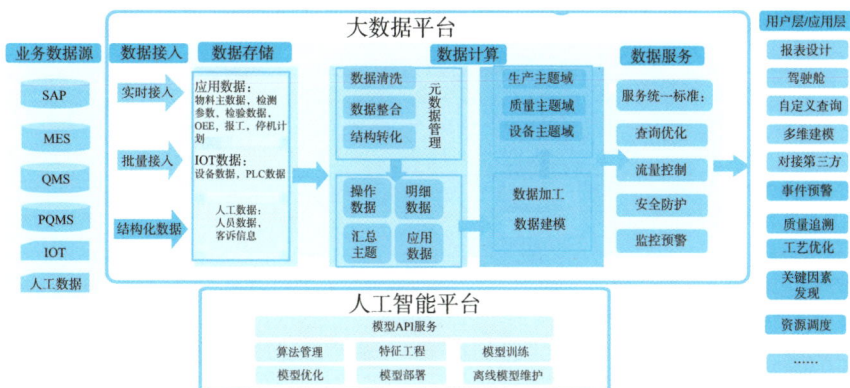

图1　数字孪生系统功能架构

三、应用成效

在经济效益方面,该系统为双环传动节省了投产和升级成本,双环传动的生产效率较应用前提升1.8倍,产品不良率较应用前降低19.6%,一年内人均产值从359万元提升至485万元。

在社会效益方面,该系统助力双环传动在全球汽车零部件产业树立了标杆,实现了对产业链全面监控、分析和优化,推动了数据协同和复用创新,为智能决策提供了科学依据。此外,该系统也带动了汽车零部件产业的数字化升级,为行业提供可持续发展动力,并在产业链的合作与发展中贡献社会效益。

基于云计算的电机和磁场仿真以及产业互联网平台应用

——杭州易泰达科技有限公司

一、项目背景

优普森电气无锡有限公司(以下简称"优普森")是集高效稀土永磁电机及控制研发设计、生产制造和销售服务于一体的高新技术企业。电机制造作为传统行业,面临激烈的市场竞争,需要通过技术提升、产品迭代来提升综合竞争力。依托杭州易泰达科技有限公司(以下简称"易泰达")为其提供的EasiMotor Online电机产业云平台,优普森在先进研发体系创建方面得到了强有力的支撑,并对产业链上下游的客户情况和信息有了更及时、准确的把握和了解。

二、项目概况

为应对高能耗企业客户优普森的动力源升级换代需求,易泰达的EasiMotor Online云平台为其产品设计团队提供了全流程的电机设计优化工具。优普森设计团队在该平台上顺利完成了电机电磁、温升、应力结构、振动噪声等系列设计和优化,快速实现了电机多物理场特性的耦合仿真计算,完成了模拟电机在各种控制策略下的运行特性,最终实现了具有高效率、高功率密度、良好动态响应特性的电机和驱动器产品的设计目标。同时,EasiMotor Online还打通了设计、制造、使用、维护的全产业链数字化流程,轻松实现产品、服务及技术在全生命周期内的交流与交易,其功能模块如图1所示。

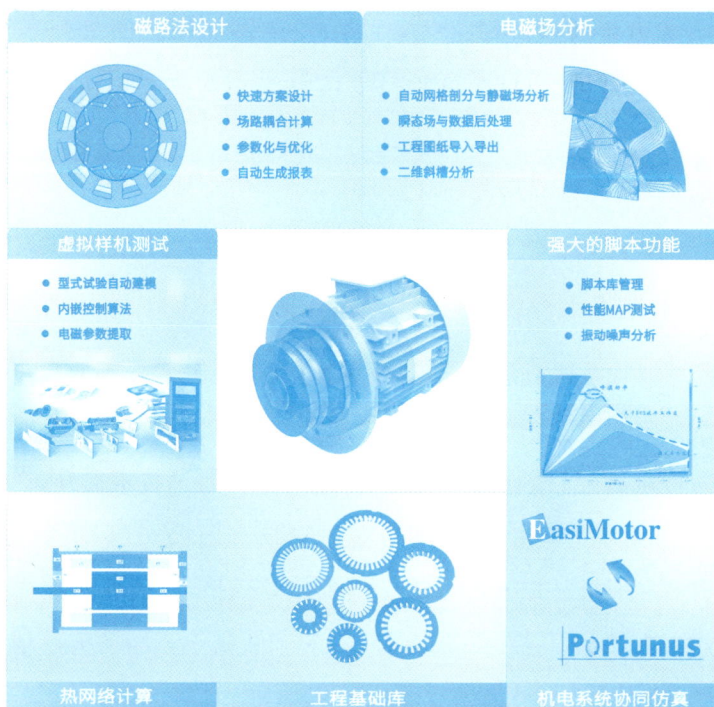

图1 EasiMotor Online功能模块

EasiMotor Online结合了云计算技术,支持使用者随时随地进行快速仿真计算,可服务于机电产品行业的众多企业和研究机构。该平台融应用选型、产品设计仿真与优化、供应链、产品交易、设计众包、网络营销、专业知识库、新闻、工程师社区、培训于一体,整合了原材料供应商,电机、驱动等部件供应商,电动汽车、机器人、白色家电等系统厂商,以及设计机构、专业人士等上下游资源,打造了新一代机电产业生态圈。

三、应用成效

EasiMotor Online可兼顾电机磁路设计的快速性和有限元分析的精确性,融入优化网格剖分技术、电机驱动控制模块和有限元自动生成功能,快速实现电机的优化设计、准确分析和虚拟样机测试,并能自动生成性能MAP测试结果。目前,该平台支持20款电机类型的快速设计和通用有限元分析。其全中文向导式用户界面,使初学者可以迅速上手,通过简单的操作就可得到精确的分析结果。

自2018年11月正式上线以来,该平台吸引了众多电机及其上下游配套企业入驻,获得了市场的广泛认可。截至2023年12月,该平台已有10715家企业用户入驻,且呈不断增长态势,其中包括电机制造用户3725家,配套企业用户2513家,这两者合计占比约58%。

天河国产CAD助力企业研发设计能力提升

——天河智造(宁波)科技有限公司

一、项目背景

宁波东力传动设备有限公司(以下简称"东力传动")是一家专注于齿轮箱、电机、联轴器以及传动装置研发、生产和服务的高新技术企业,是中国齿轮行业首家A股上市公司。东力传动积极顺应CAD软件国产化和正版化的趋势,是天河智造(宁波)科技有限公司(以下简称"天河智造")的重要合作伙伴以及天河CAD的长期用户。东力传动在2018年采购了100套天河CAD工业软件,并已全面完成替换工作。

二、项目概况

天河智造深耕工业软件领域,始终立足国产化替代目标,持续研发创新,致力为企业提供安全、稳定、高效的工业软件。天河智造自主研发的工业软件产品和云服务覆盖CAD、CAPP、PLM、数字孪生工厂等领域。其中,天河CAD具备大量智能参数化功能,包含近万个零件类的国标零件库,同时能较好地契合设计师的使用习惯,能够极大地提升设计师的工作效率。天河CAD核心数字化解决方案如图1所示。

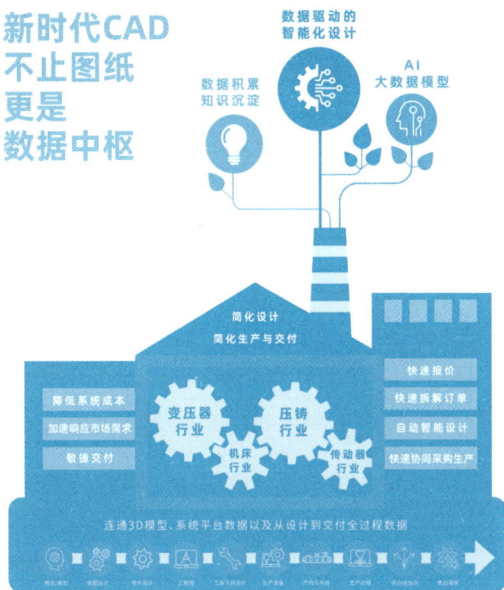

图 1 天河 CAD 核心数字化解决方案

三、应用成效

在国产化替代过程中,天河 CAD 具有以下应用优势。

①功能齐全。设计师可根据不同的绘图特点和操作要求,选择与之相匹配的功能。这不仅能将产品设计开发周期缩短 30%,还可将设计数据统计的正确率由 70% 提高到 98%。

②兼容性强。天河 CAD 的功能符合设计师的使用习惯,可全面兼容原文件及数据,无缝过渡,降低设计师的学习软件使用成本,使软件培训及过渡期缩短 70% 以上。

　　③自主可控。天河 CAD 是自主开发、具有完全独立版权的国产工业软件,已在国家版权局登记备案,实现了从底层硬件到上层软件全方位的国产化适用。该软件入选了工信部 2022 年工业软件优秀产品名单,获得了广泛认可。同时,该软件留有二次开发接口,为后续出现的企业信息化系统升级提供了有力保障。

中望CAD软件助力万向钱潮管理及研发数字化

——广州中望龙腾软件股份有限公司

一、项目背景

万向集团创建于1969年,致力于清洁能源和动行智控领域前沿研究、技术开发和应用制造,是国务院120家试点企业集团之一、国家双创示范基地、中国企业500强。万向钱潮股份有限公司(以下简称"万向钱潮")是万向集团控股的汽车系统零部件供应商,致力于实现生产自动化、智能化、数字化,从产品研发、生产等各环节出发,提升产品竞争力。近年来,万向钱潮一直紧跟浙江省数字化改革步伐,大力推行"机器换人"战略,接轨"工业4.0",已逐步成为国内最大的独立汽车系统零部件供应商之一。该企业高度重视信息化建设,目前已实现由单一的工具软件拓展至管理数字化以及研发、装配流程的系统数字化。CAD软件作为该企业常用工具软件,广泛应用于万向钱潮下属的10个子公司。但各子公司的使用数量和需求各有差异,且采用的软件版本各不相同,这导致各子公司相互间以及与上下游供应商之间的交流出现兼容性问题,影响工作效率,同时还存在CAD软件未能全部正版化、国外软件租赁成本高等问题,因此,实现国产软件自主研发、自主可控迫在眉睫。

万向集团为进一步提升企业内部的设计及沟通效率,与广州中望龙腾软件股份有限公司(以下简称"中望软件")达成合作,中望软件组建专业技术服务团队,通过双方充分沟通,为其定制了一系列产品服务方案。

二、项目概况

第一期:2015—2016年,万向钱潮和国际汽车零部件供应商马瑞利集团组建的合资企业浙江万向马瑞利减震器有限公司购买了部分中望CAD的机械版,并陆续开始使用。经过局部验证,中望CAD机械版可满足设计师绘图的需求,且简单易用、操作便捷。

第二期:2018年,基于数据统一、软件采购成本等多方面因素的考量,万向集团从集团层面统一采购了中望软件的产品,并从中望CAD机械版应用扩展到了中望3D应用,满足了与PLM系统数据承接和集成的需求。

第三期:2020年,万向集团引入中望3D,将其应用于万向节、万向轴承等部门的产品设计(图1),以替代国外的三维设计软件。通过线上线下的培训及技术交流,中望3D在公司内部逐渐推广。

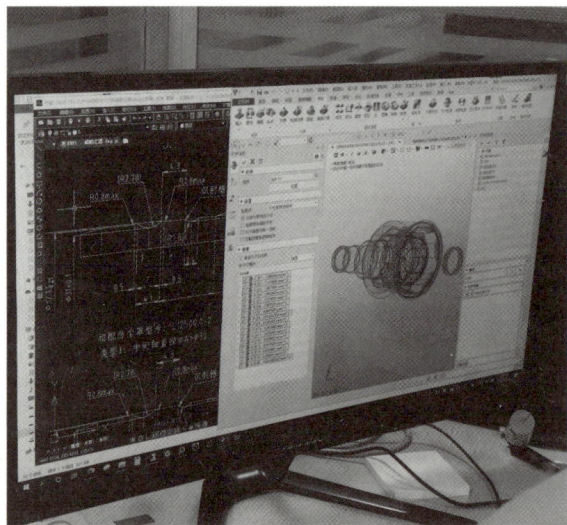

图1 中望3D绘制产品示意图

三、应用成效

针对万向集团的需求,目前中望已达成如下预期目标。

①万向集团层面已全面采购中望CAD机械版,实现全集团层面CAD软件正版化、国产化。

②万向集团内实现了CAD软件版本统一,确保了数据的一致性,解决了内外部文件兼容性问题,从而方便了管理,并提升了工作效率。

③万向集团摆脱了国外软件高额租赁成本带来的经营成本上升的困境,符合企业降本增效的预期。

④统一采购的方式,避免了万向各子公司分别耗费精力选型和购买CAD软件,简化了采购流程,有效降低软件总体使用成本。

⑤中望为万向集团提供了完善的售后服务,并根据项目的实际情况,提供了研发层面的开发支持。

基于大数据分析的域控制器可靠性预测解决方案

——浙江大学滨江研究院

一、项目背景

随着自动驾驶和智能驾驶技术的发展,汽车电子呈现高算力、高功耗和海量元件之间多元交互、耦合作用的特点,传统的分布式汽车电子可靠性设计方法已经难以满足要求。汽车电子可靠性设计工具软件领域已基本被 ANSYS-sherlock、Isograph、JMP 等国外仿真统计软件垄断。同时,随着新能源汽车产业链的日益完善,国内的汽车电子、功率电子设计和制造企业已超过 5000 家,年产值达千亿元规模。其中,众多中小企业"重测试、轻设计",未形成科学的电子元件可靠性预测体系,导致硬件产品量产的良率不高,难以达到主机厂"零失效率"的要求。因此,开发国产信创汽车电子可靠性软件,为国内主机厂、零部件厂和封装厂提供可靠、实用的基础性研发工具软件迫在眉睫。

为此,浙江大学滨江研究院结合人工智能等最新技术,深入分析汽车电子封装结构失效机理,开发了以海量元件失效率预测、虚拟可靠性计算平台和优化配置设计为主要特征的汽车电子可靠性研发工具软件。

二、项目概况

ECU-RELAB应用是一款能够实现控制器硬件设计定制化、数字化、参数化的车规级控制器寿命仿真计算软件,其设计架构如图1所示。该软件系统适用于汽车电子、功率电子的2500余个车规级使用场景,同时也适用于工程机械、矿山机械、小家电产品等领域的失效率预测,支持IEC、ISO等国际主流电子元件失效率标准。该软件主要应用对象为汽车电子设计制造企业,目前已积累了汇川、华域、北汽等多家客户。

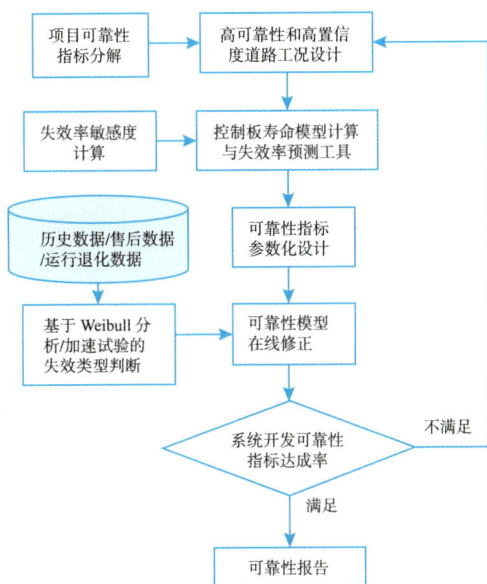

图1 设计架构

三、应用效果

该方案已在照明、汽车零部件制造领域得到示范应用,可支持客户跨部门定制。工程人员可根据行业经验进行无限次模拟计算,培养基于大数据分析的控制器可靠性分析习惯,为可靠性研发工作提供了有效支撑。目前已积累案例如下。

①实现了车厢照明系统、ESP控制器、LED电源、电源控制板、激光驱动板、主控制板等30种产品的系统失效分析。

②模拟了300个典型应用场景的失效机理。

③模拟高温、高寒、高湿等真实场景失效率超5万条,高于国内商用FMEA软件的失效率计算水平。

大型电子高科企业的知识工程智能设计系统应用

——维拓工业互联(浙江)有限公司

一、项目背景

电子高科产业被称为朝阳产业,是最具活力的行业之一,其市场前景十分广阔。随着智能制造与智慧工厂理念的引入,国内部分大型行业龙头企业逐步建立了智能制造中心、智能制造示范车间及生产线、智能制造标杆工厂等。企业对研发设计智能化的需求日益迫切。但根据多年实践经验分析,目前在研发设计中仍存在如下问题。

①设计师无自动化工具支持,完全依靠人工建模,缺少标准化建模方法,导致模型名称、参数信息以及出图标注等差异性很大,规范性不足。

②模型种类数量多,没有进行整合,导致信息相对分散,查找对比非常困难;零部件基础数据不完整,导致创建基础数据工作量大。

③设计规范纷繁复杂且对人工依赖性大,极易造成设计失误,导致效率低下,进而使设计成本大幅提升。

④设计工具相对独立且复杂,与企业设计业务融合程度有待提升,新手入门及学习成本较高。

⑤企业产品设计研发经验积累未形成完整知识库,仅依靠授课培训、

031

座谈分享等途径,难以起到良好的辐射带动作用,不利于新手工程师的成长。

　　针对以上问题,维拓工业互联(浙江)有限公司研发了面向电子高科行业的知识工程智能设计系统。该系统基于专家知识管理方法学理论把企业业务流程、专家经验、标准规范和历史数据转化成计算机能理解的各领域知识库;融合了人工智能、大数据分析、云计算等先进技术,将企业产品模块化、标准化、通用化,建立了最优的设计流程。该系统为企业提供了具有柔性化、知识构建特点的三维产品设计过程,满足了企业对研发设计高效率、高质量、高性能、低成本的迫切需要。系统架构如图1所示。

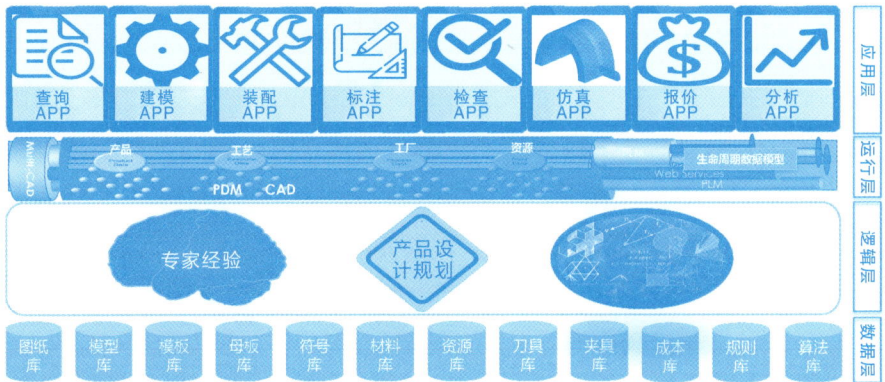

图1　系统架构

二、项目概况

　　该系统采用了含有大量相关领域专业知识和专家经验的数据库,基于大数据分析和模型识别技术,实现产品零部件模型的全自动创建。通过关联多模型的不同特征,可准确选择特征尺寸并快速创建模型,完成自动和快速装配、结构设计规则检查、设计软件与仿真软件一体化集成等任务。该系统能够基本实现设计和仿真的半自动或全自动化,大大缩短了设计时间;降低了设计师劳动强度,提高了设计质量;降低了对设计师设计经验的依赖性;实现了设计结果归一化和最优化;统一了操作界面,完成了从设计到仿真再到优化设计的全过程,从而避免了人为差错。

三、应用成效

该系统能达成以下应用成效。

①实现标准化产品设计数据、设计业务流程的有序管理,并建立可追溯的设计平台知识体系,实现技术与人力价值的最大化。

②实时检查产品设计质量,提高产品设计水平。

③实现跨平台设计和仿真一体化协作,降低协作成本,提高协作效率。

系统需求分析和架构设计软件Modelook.SE 在舰船系统研制中的应用

——杭州杉石科技有限公司

一、项目背景

舰船产品研制是涉及多学科的复杂系统工程,涵盖舰船总体、结构、电子信息、辅助系统、武器装备等多个领域,随着面临的技术、管理难度不断提高,传统基于文档的系统工程研制模式难以满足研发设计要求,MBSE应运而生,为复杂系统研发奠定了基础。一方面,它能帮助设计人员通过构造系统模型,尽早地对总体设计方案进行分析、测试和评估,减少其中存在的歧义和错误;另一方面,它在设计阶段顶层系统与底层系统的信息传递中,通过将文档形式转变为模型形式,避免了信息孤岛的产生。

二、项目概况

杉石科技的系统需求分析和架构设计软件(以下简称Modelook.SE)具备系统架构设计建模、分析和仿真、多人协同、模型库管理、数据接口,以及文档生成等功能。该软件的定位是为复杂工程系统的系统级研发提供基于模型的建模仿真解决方案。用户可在系统设计阶段基于SysML模型进行需求分析、架构设计、仿真分析,改变原有基于文档的设计范式,有效提高系统研发效率。

　　该软件被中国船舶重工集团有限公司某研究所采用,双方以此为基础开展项目合作。该项目由 Modelook.SE 功能定制、MBSE 咨询、所内环境集成三部分组成。首先,开展 MBSE 建模方法论、建模语言和建模工具的培训,帮助设计人员快速掌握 MBSE 理论及实践。其次,对所内某装备型号的设计流程进行梳理,形成面向某装备型号应用的 MBSE 建模方法论,并通过在软件中定制方法论模板的形式保证方法论的落地应用。随后,对 Modelook.SE 的模型数据进行梳理,通过打通工具接口,实现上传模型数据到 ENOVIA(达索公司的 PLM 品牌)平台进行统一管理。最后,通过集成 Modelook.SE 软件与达索 3DE 平台,实现在 3DE 平台直接调用 Modelook.SE 进行建模协同设计,将 Modelook.SE 的模型树挂载到 3DE 结构树中的指定系统或子系统节点下,开发图形控件并嵌入 3DE 中,以支持 SysML 模型图的查看。项目实施路径如图 1 所示。

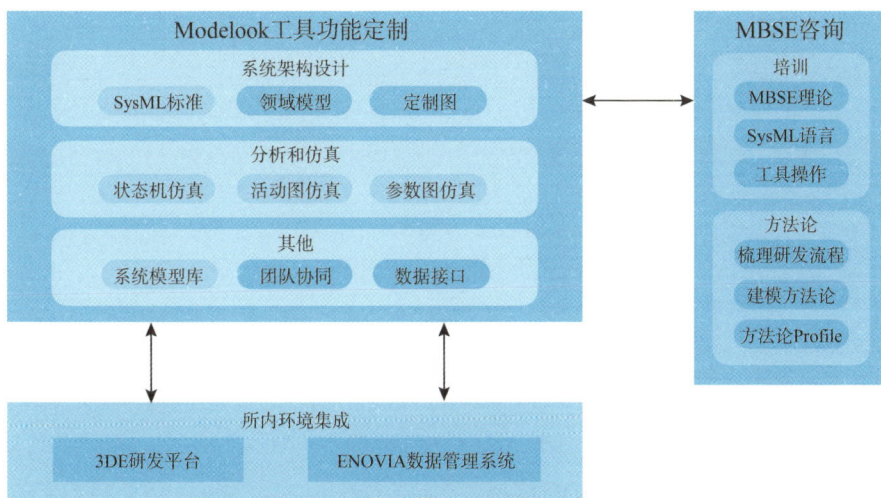

图 1　项目实施路径

三、应用成效

该所基于Modelook.SE进行功能定制及接口打通,以满足所内系统研发流程的需求,并实现了与所内现有研发平台及数据管理系统的无缝集成。该项目所取得的应用成效如下。

①采取了基于模型的设计方式,避免了文字二义性,并支持早期需求验证。

②形成了基于产品研制流程所定义的MBSE方法论并将其适配到建模工具中,使MBSE应用更具有落地性。

③将建模工具集成到现有研发环境中,实现了研发流程和数据的贯通。

"云+AI"助力建筑工程设计提质增效

——品览(杭州)科技有限公司

一、项目背景

施工图设计是民用建筑设计领域中规范合规性、设计准确率等要求较高的环节。但在实际项目中,设计周期紧张叠加反复的修改过程,极大地加重了设计人员的工作负担。浙江华汇集团是一家以城市建设事业为发展领域,以工程设计咨询为核心,从事工程建设全过程服务和投资的平台企业,有提高施工图设计效率与质量控制水平的需求,并与品览(杭州)科技有限公司(以下简称"品览")达成了合作。品览针对该企业等设计公司的需求,自主研发了"筑绘通"软件,大大提高了施工图设计环节的绘制效率。

二、项目概况

以大型商业综合体的楼梯间详图绘制为例,该企业团队在"筑绘通"上传商业综合体的各层建筑平面图,并在AI辅助下,快速完成了建模、排布设计及自动化出图标注,生成了高质量楼梯间详图图纸。具体而言,"筑绘通"可应对"综合体项目的超大模型"+"云端高精度低延迟编辑"的复杂场景,具备以下优势。

①能识别各层建筑平面图,将CAD图纸整体模型化,在云端生成

BIM模型,将其用于后续进行楼梯排布。

②让建筑设计师通过对自动识别的楼梯间排布空间、模型化的门墙窗等图纸的确认,修正全局配置和各楼梯筒的差异化配置,如设置地上层装配式、地下层中间平台、踏步极限值等,完成起跑位置的放置。

③点击"开始出图"后,能在30分钟以内完成整体数十个楼梯筒的排布,生成各楼梯筒的平面图与剖面图,生成的楼梯筒剖面图如图1所示。

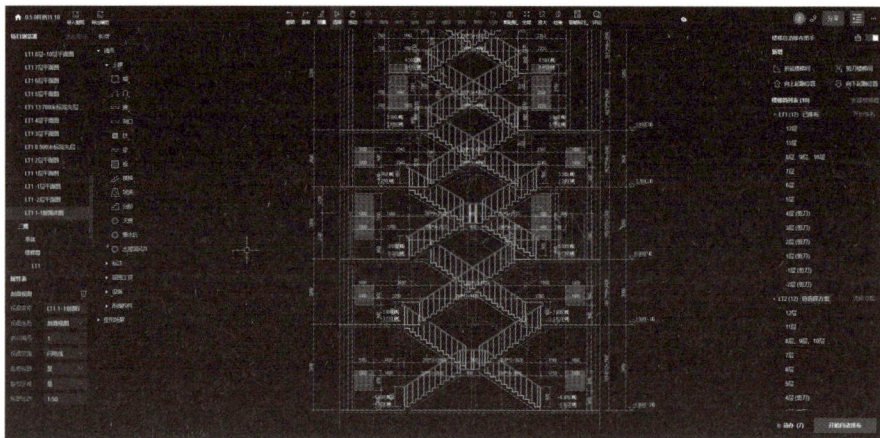

图1　楼梯筒剖面图

三、应用成效

"筑绘通"的主要应用成效体现在以下两点。

①提升了设计质量与合规性。建筑设计师通过"筑绘通"能很好地解决楼梯排布自动合理规划、疏散半径不碰撞、楼梯不碰头等问题。

②提高了设计效率。通过"筑绘通"云端实时协同和AI辅助设计的功能,传统需要3~5天绘制的楼梯间详图,仅需要2~4小时就可完成。

第二部分

生产制造类

基于生产调度服务中心建设的天然气管网管理与能力提升案例

——中控技术股份有限公司

一、项目背景

江西省天然气集团有限公司(以下简称"江西天然气")现有三家省级管网公司,包括:江西省天然气管道有限公司、江西省天然气投资有限公司和江西省天然气集团有限公司管道分公司。中控技术股份有限公司(以下简称"中控技术")为满足江西天然气对全省管网生产调度和日常动态监管、加快天然气生产调度服务中心数字化转型、保障江西天然气生产安全和管网平稳运行的需要,秉承"规范管理、安全生产、平稳运行、高效处置"的生产理念,以长输管道调控中心、城市燃气、油库生产监控为关键节点,结合现有条件帮助江西天然气进行数字化建设,实现"统一管理、集中控制"的调度管理职能,整体建设分为两期。

一期建设:充分利用各分公司现有系统,通过与各系统数据集成方案,搭建全省管网"一张图",实现对全省天然气板块生产的集中监视管理。

二期建设:在一期建设的基础上新建空间数据库模块,结合GIS添加智慧化功能,逐步建设集生产控制、调度指挥、应急管理于一体的生产调度服务中心平台,其整体架构如图1所示。

图1　生产调度服务中心平台整体架构

二、项目概况

生产调度服务中心平台分以下几部分建设。

(一)生产管理平台

该平台采用supOS工业操作系统作为江西省天然气管网的工业大数据集成平台,利用其信息全集成、多元工业数据湖、个性化数据DIY和工业APP组态开发等能力,构建"工业互联网平台+工业APPS"的管网信息化系统新架构。具体而言,该平台具备以下两方面优势。

①跨平台应用。为方便数据共享、业务流程整合和交换,supOS大数据集成平台提供了统一认证门户功能,可对不同业务页面进行集中管理和展现。supOS平台集成多个应用系统,形成统一的用户体系,提供单点登录、用户管理和消息通知等功能,通过PC端、移动端(手机、平板)等各种平台均可以直接访问。只需一次登录即可访问各个系统,实现异构系统的统一访问、统一登录等功能。

②具备可视化能力。supOS平台能以2.5D形式展示江西天然气管网

布局图,清晰地展示出管辖区域内天然气管道的布局情况。

(二)工业电视监控系统

新建的监控中心设有两台高清球型红外摄像机,用于监视监控中心,其墙壁安装高度不低于3.0米。工业电视监控系统采用以太网,存储时间30天,存储格式H.265。

(三)门禁系统

为便于对进出监控中心的人员进行管理,在监控中心门口、会议室门口设置IP联网型智能门禁系统。该系统由网络门禁一体机、电磁锁和出门按钮等组成。

(四)综合布线和调度电话系统

监控中心内线电话、外线电话、SCADA工作站和视频工作站等布线采用综合布线,线缆采用六类双绞线。

(五)扩声系统

在监控中心配备扩声系统,配置300瓦专业功放1套、壁挂音箱2套、无线麦克风2套、无线麦克风接收机1套。

(六)供电系统

在监控大厅设一照明配电箱,为各用电设备供电。照明配电箱采用双电源进线,一路引自已建低压配电室备用回路;另一路引自UPS,容量为40kVA,后备时间为1h。

四、应用成效

(一)社会价值

通过对江西天然气的数字化建设,实现江西省管网"统一管理、集中调度"目标,成功打造江西省天然气生产调度服务中心平台应用试点,该试点建设经验具有很强的复制推广价值。

(二)经济价值

该生产调度服务中心平台具备对江西天然气下属分公司场站、所有阀室和罐区进行数据采集、参数调节以及各类信号报警等功能,减少了人力投入,提高了生产效率,降低了人力成本和企业管理成本。

(三)能力价值

通过系统性的数字化建设,江西天然气整体由依赖人员管控向基于数据智能管控转变,管控难度降低,管控能力得到全方面提升,同时实现了管道智能调度、智能运营、全生命周期管理。

LNG 应急储备中心数字孪生系统应用

—— 杭州和利时自动化有限公司

一、项目背景

豫西 LNG 应急储备中心（以下简称"储备中心"）是河南省规划建设的 6 座区域性 LNG 应急储备中心之一，建设规模为 2 万立方米（水容积），总储气能力达 1000 万立方米，占地约 13.34 万平方米，投资达 3 亿元。储备中心可有效解决洛阳、三门峡、汝州地区天然气应急调峰问题，保障洛阳、三门峡、汝州地区天然气的稳定供应。在建设初期，储备中心迫切需要数字孪生系统对真实工艺进行控制逻辑验证。同时，员工的操作水平及知识技能有待提高，储备中心迫切需要一套数字孪生系统以帮助运行人员快速熟悉系统操作，从而更好地投入实际生产运行。

对此，杭州和利时自动化有限公司研发了一套智能 DCS 数字孪生系统，以生产工艺流程、控制系统软硬件、底层设备算法等全方位的数字孪生技术，全方位立体式展示了储备中心的整个生产运行过程，该系统可辅助工程师更好、更全面地了解和掌握生产运营中的操作，帮助管理层推进工厂自动化、信息化、智能化建设。

二、项目概况

该数字孪生系统通过三维数字孪生技术,构建基于生产现场的数字化三维场景,同时以工艺模型为数据底座、虚拟控制器为核心技术、真实DCS软件为上层操作界面,通过三维场景与二维DCS的交互操作,直观呈现了真实工厂的虚拟化运营全过程(图1)。

图1　豫西LNG OTS仿真系统可视化平台

该数字孪生系统能够真实模拟实际工厂的开/停车操作,以及进行正常工况和各种事故工况的操作演练,具备工艺学习、操作培训、事故演练、仪控培训、员工上岗考核与技能鉴定、工艺流程设计优化、控制策略验证优化、事故诊断与预测等功能,为企业的安全生产运行保驾护航。

三、应用成效

储备中心投产前,该数字孪生系统让工艺人员更直观地了解现场生产过程,无论是从二维到三维,从现场设备到控制逻辑层,还是从软件到硬件,都能快速熟悉掌握,从而辅助现场真实生产。

此外,河南省规划建设的六座区域性LNG应急储备中心所有的工作人员,都利用该数字孪生系统完成了全方位培训。该数字孪生系统提升了工作人员的操作水平和事故处理能力,降低了生产事故风险,提升了生产效率,保障区域天然气的稳定供应。

基于supOS工业操作系统的流程行业智能工厂仪控解决方案

——蓝卓数字科技有限公司

一、项目背景

随着技术的进步,石化行业工业控制产品智能化水平不断提升,但仪表、阀门设备厂家自身配备的第三方管理系统在灵活性、美观性、可配置性方面都还有较大的提升空间,且传统系统的数据量难以满足智能仪控设备管理的需求。因此,应在仪表智能化控制系统管理方面加大投入,以提高工作效率和设备可靠性,实现对庞大仪控设备的高效管理。

国内大型石化化工企业采用集中管理、远程协同的模式是大势所趋,其无线网络、数据中心等新型基础设施正在构建完善,但仍存在如下问题。

①运维工作效率较低。仪控设备机柜间多、设备品牌不统一,运维人员工作量大,仅每周巡检用时就超过1000小时,且巡检还停留在纸笔记录阶段,仪控设备健康状态未实现可视化。

②信息孤岛仍然存在。仪控设备相关的数据分散在不同的第三方信息系统中,各系统难以互联互通,数据难以汇总融合。

③报警数据泛滥。报警数据过多,且存在"假"报警现象,极易分散工作人员精力,从而导致响应真实问题的效率低下,给生产造成不便。

④集成化管理缺乏。仪控设备的信息单一,只具有检测或执行功能,传递的有效信息数据不足,无法实现服务信息处理的功能拓展,对自身进行诊断、预判和预防性维护等功能,难以进行集成化管理。

针对上述问题,蓝卓数字科技有限公司提供了一套基于supOS工业操作系统的流程行业智能工厂仪控解决方案。

二、项目概况

基于supOS工业操作系统的流程行业智能工厂仪控解决方案(图1),主要面向流程行业(石化、化工、冶金等)提供仪控设备统一管理、设备状态、工艺设备使用情况监控等功能。该解决方案依托统一的仪控大数据采集服务平台,意在打破流程行业企业用户各种仪控设备之间的信息孤岛,提升流程企业仪控管理水平;并通过与供应链的协同,为仪控备件备品销售、上线、运维、报废、替换等提供一站式服务;通过对仪控管理经验的知识沉淀,形成知识库,提升仪控部门的运维能力。

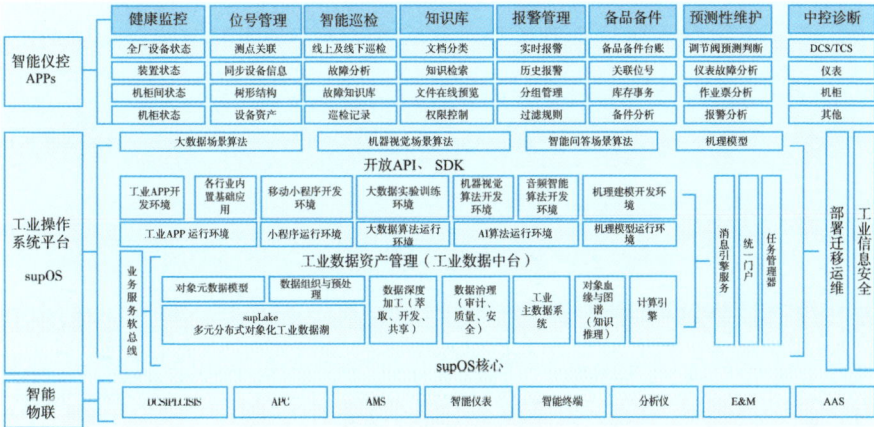

图1 智能工厂仪控解决方案架构

该解决方案可整合各类仪控设备信息资源,在工厂内实现仪控信息大数据互通,全面开展设备状态趋势智能预测,开展设备运行"内质"分析与预测,建立设备状态分析模型,实现对设备状态的阈值分析、趋势分析、图谱对比,计算设备运行负载状态,实现仪控大数据展示和智能化管控。

　　某炼化仪表中心应用该解决方案改造成为仪控智能监控中心,各个装置工控系统、智能仪表管理站等通过网络远程连接,构建高效、立体、集中远程操控应急服务中心,各类仪控信息资源被整合起来,工程师可在监控中心第一时间得到工控系统内部的诊断信息。

三、应用成效

　　①采用"工业操作系统+工业 APPs"的新型智能工厂业务架构模式,形成工业 APP 应用与工业用户之间互相促进、双向迭代的生态体系,挖掘平台能力,赋能用户。

　　②将仪控部门所管辖的所有设备、智能仪表、阀门纳入 APP 统一管理。

　　③采用可扩展的数据接入方案,利用一个标准的数据采集框架以及一组可以灵活扩展的驱动来完成相应的数据采集工作。

　　④利用 supOS 平台提供的对象模板、功能集合和对象实例等基础模型,对企业仪控设备进行工厂建模。

　　⑤融合了大数据、人工智能等先进技术,基于机器学习算法和模型,可实现高频故障仪表寿命预测、调节阀流量特征异常监测、程控阀内漏监测等仪控设备预测性维护,从而实现推动仪控设备从传统的计划修向状态修、预测修转变。

蒲惠云MES在制冷行业的应用

—— 蒲惠智造科技股份有限公司

一、项目背景

某制冷科技有限公司拥有近40年制冷设备制造经验,建有上万平方米的制冷压缩机生产基地,是专业从事制冷压缩机和压缩冷凝机组等制冷设备设计、研发、制造和销售的科技型民营企业。但该企业在生产过程中存在以下问题。

①仓库管理不完善。仓库物料种类繁多,出入库频繁,采用传统纸质出入库单据和台账本,无法及时、准确更新库存数据,这导致账物不符,管理人员难以及时查询库存量,物料积压。

②生产进度不透明。成品完工入库后才回收流转卡统计生产数据,这导致管理人员无法在生产过程中有效监测车间生产状态、订单执行进度等,现场对异常情况响应速度较慢。

③部门数据未打通。采购、生产、仓库等部门之间数据互相独立,缺乏相应的数据共享机制。采购人员在制订计划时无准确的库存和生产数据支撑,这导致物料采购量过多或偏少的情况时有发生,增加了停工待料、物料呆滞的风险。

④质量追溯耗时长。从原料入厂到产品出厂所涉及的销售、采购、生产、质量、库存等业务部门均采用纸质单据存档。当产品出现质量问题时,需要从各部门查询数据记录,追溯流程烦琐且耗时长。

针对上述问题,蒲惠智造科技股份有限公司研发了一套蒲惠云MES。

二、项目概况

蒲惠云MES在该企业上线后,通过链接全厂生产运营资源,采集车间、工艺、人员、产品等信息,对产品状态、生产进度进行动态跟踪,并对这些信息进行智能化处理、分析、诊断,打破了部门间信息壁垒,提升了部门间数据协同能力。该企业管理人员可通过电脑端、移动端等在系统中实时查看企业订单情况、生产执行情况、产品质量情况、库存出入情况等,实现生产制造全流程数字化。

三、应用成效

①库存账物准确率提升。蒲惠云MES上线后,仓库作业流程简化,库存账物准确率提升至97%以上,管理人员可通过系统便捷分析库存成本,发现并解决历史遗留的物料呆滞积压问题,呆滞物料库存减少80万。仓库作业流程的蒲惠云MES实施前后现场对比如图1所示。实施前,物料标识需手工记录,不够清晰;实施后,条码管理,扫码查询,账物一致。

图1 仓库作业流程的蒲惠云MES系统实施前后现场对比

②实现生产过程可视化。蒲惠云 MES 提升了生产资源配置和计划执行效率,使平均生产效率提升了 17%,交付周期缩短 2 人/天。同时,通过蒲惠云 MES,销售人员可对历史订单数量、交期进行系统梳理,并基于此对未来接单进行预估分析,从而进一步提高接单成功率和客户复购率。生产过程的蒲惠云 MES 实施前后现场对比如图 2 所示。实施前,采用纸质工艺流转卡记录,数据冗杂,进度模糊;实施后,生产数据即时上传,进度透明。

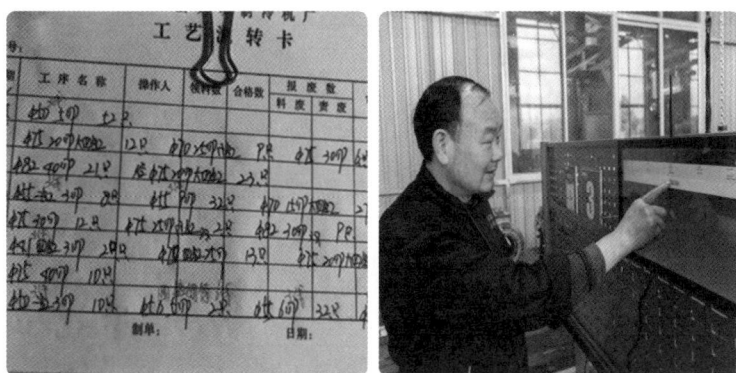

图 2   生产过程的蒲惠云 MES 系统实施前后对比

③采购计划更合理。通过蒲惠云 MES,采购人员在制订采购计划时可综合考虑订单物料占用和仓库存货数量,避免多采造成的资金占用、物料呆滞积压或少采造成的停工待料、生产延期等现象。系统的安全库存预警功能提升了采购的及时性,当库存物料低于安全库存时,系统将自动发出预警信息,仓库管理人员此时在线提交采购申请即可。

④一机一码精准追溯。通过蒲惠云 MES,该企业实现了从原料入厂到产品出厂的全流程数字化管理,实现了在线查询、精准追溯。每件出厂的产品均带有二维码,扫码即可回溯生产路径,精准识别质量问题,产品合格率趋近 100%。

基于德沃克（D-Work）精益数智化系统赋能汽车零部件行业智改数转

——浙江中之杰智能系统有限公司

一、项目背景

汽车行业正在发生新四化（电动化、网联化、智能化、共享化）的产业变革，传统的粗放管理方式已无法满足现今企业的发展需求。当前，汽车零部件行业市场竞争激烈，逐步从大批量、规模化的传统模式转向小批量、多品种、定制化、多变更的精益数智化新模式，而传统汽车零部件企业的发展仍受限于长期以来存在的以下问题。

①原材料的采购周期较长或主机厂需求变动频繁，导致生产无法及时应对。

②当前各项数据的录入等仍依赖于人力，随着零部件生产工序复杂程度的提升，生产进度反馈稍显滞后，这使得企业生产效率变低。

③质量体系执行意识不强，异常情况监测反映不及时、生产质量追溯问题愈发凸显。

④物流仓储环节管理不完善，存在先进先出、频繁倒箱、物料随意堆放等问题，这导致供货不及时、报废率上升等现象。

⑤大部分零部件企业的生产设备数字化程度不高，无法实现集成管理和采集信息，难以及时监控设备的运行状态、处理设备故障问题等。

针对上述问题,浙江中之杰智能系统有限公司研发了一套德沃克(D-work)离散制造精益数智化系统。

二、项目概况

浙江中之杰智能系统有限公司基于深耕制造业数字化17年的行业经验,结合离散制造业企业普遍、显性、刚需、高频的痛点和难点,以精益思想为核心打造德沃克离散制造精益数智化系统(图1),赋能汽车零部件行业智改数转。

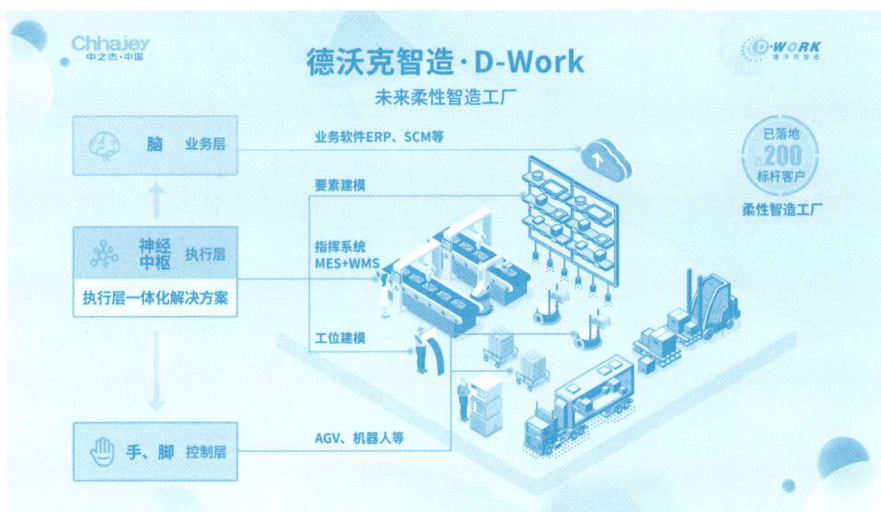

图1 德沃克离散制造精益数智化系统

(一)辅助排产数智化,让计划"排得紧"

该系统集成德沃克与ERP系统数据,搭建生产看板视图,提供生产相关的人、机、料、法(人员、设备、原料、方法)方面的数据展示和分析。同时,它还可依循排产逻辑,调配设备稼动,实时展现各机台日、周、月的计划达标率,通过即时反映综合设备效率,提升计划部门异常响应效率,加速临时抽查单的弹性与反应。

(二)生产管理数智化,让生产进度"控得透"

该系统通过"智能周转箱+虚拟工位"的改造将生产全要素与德沃克绑定,改变了工厂原有以订单为对象的驱动方式,使其转变为以"现物"为驱动对象,让数据随物料自然流动,该系统覆盖产品的全生命周期管理,可精确查看工艺信息,及时传递异常问题与处理进度可控,提高报工及时率,让车间物料流转变得清晰化、透明化。

(三)质量管理数智化,让质量"皆可查"

该系统采用了RFID技术和应用了智慧条码管理系统,通过"一转、双改、双模"的技术路线创新,将工厂质量数据与检验标准系统绑定,可自动生成检验报告和分析报表,实现量检具台账线上管理、安全库存报警提醒、精准锁定不良批次,以及质量的正反向追溯。

(四)仓储物流数智化,让物流"流得顺"

该系统依托德沃克智控模块(数据采集与监视控制系统、仓库控制系统等信息化系统),与工厂的搬运机器人、机械手等自动化设备互联互通,实现仓储的可视化管理;并通过采购计划、生产作业、仓储配送数据的自动采集、在线分析和优化执行,实现厂内物流的自然流转。

(五)设备管理数智化,让生产配套"换得快、有保障"

该系统针对工厂生产现场不同类型的设备制定了相应编码规则,每台设备在德沃克中有唯一编码管理,包括设备启用、档案管理、日常保养维护、异常维修处理、运行数据分析、备件管理、设备报废等业务功能,实现了对生产设备的全生命周期管理,提升了设备信息查询的便捷性和修复的高效性。

三、应用成效

目前,德沃克离散制造精益数智化系统已服务宁波博曼特、舟山SFOT工厂、合肥达因、陕西万方等数十家汽车零部件企业,其中不乏该行业的龙头企业、专精特新"小巨人"企业、隐形冠军企业。该系统运用"一转、双改、双模"的创新技术,将行业know-how(技术诀窍)、算法和规则引擎进行封装,聚焦现场、现物、现实,让数据随物料自然流动;通过自感知、自决策、自执行,形成事中动态敏捷控制,将规则引擎深入贯穿工厂的"手脚、神经中枢、大脑",实现相互交叉协同,打造从原料卸货到产品出库的全局柔性智能工厂,解决了离散制造小批量、多品种、定制化、多变更等生产模式下的管理难题;同时,实现了降本、降耗、增效、提质,以及"价值主张、数据驱动"的协同智造目标。该系统平均帮助被服务企业实现将交期缩短35%,在制品数量减少20%,全员劳动生产率提高15%,生产辅助人员数量减少30%。

Gongqi OS 工业操作系统在晨光电缆的应用

——浙江工企信息技术股份有限公司

一、项目背景

浙江晨光电缆股份有限公司（以下简称"晨光电缆"）成立于1984年，是一家集电线电缆研发、制造、销售和服务于一体的全国线缆行业知名企业，名列全国线缆行业最具竞争力50强，具有一定的行业影响力。但该企业在数字化转型过程中，存在以下问题。

①生产计划管理方面，分厂计划执行不准、生产进度过程监控难、各工序间等工现象较普遍，这导致计划完成率较低、产品不能按时交货、用户投诉多等。

②制造成本管理方面，产品生产材料定额结果需要人工统计核对，这导致员工工作量大、材料定额分析滞后、制造成本控制不稳定等，该企业投标报价比竞争对手高出3%~5%，产品价格竞争力偏弱。

③产品生产方面，存在生产计划响应率较低、生产资源匹配难、有产能但难以发挥产能优势、分厂产量无法有效提升等问题。

④设备管理方面，生产设备日常维护保养不足，这导致设备故障发生率偏高、设备利用率较低、设备维修费用持续上升，特别是该企业万元产值需要的维修费用从2016年的5.2元，增加到2017年的8.3元，而且呈逐年上升趋势。

⑤质量管理方面,实际工作中该企业存在分厂质量管理人员抽检不及时、分厂送实验室检测产品质量报告滞后、检测信息未能及时反馈到现场等问题。

⑥精细化管理及绩效考核方面,各分厂绩效考核所需数据收集工作量大、数据核实难度高,各分厂还对考核结果经常提出异议和申诉,难以配合公司生产管理精细化。

为满足晨光电缆高速发展过程中数字化需求,浙江工企信息技术股份有限公司提出"智能晨光、智慧晨光"战略,助力其补齐生产管理短板、提高生产效率,打造高效、透明的生产信息化管理平台,实现生产过程精益化管理。

二、项目概况

2018年,基于Gongqi OS工业操作系统底座,晨光电缆一分厂(主导生产220kV高压交联电缆产品)和五分厂(主导生产各种规格铜、铝导体)MES应用顺利上线。2022年,实现MES全厂数字化覆盖。

该系统基于Gongqi OS,打破了内部ERP、OA等系统间信息壁垒,保护原有资产投资,实现前端统一门户入口;结合数字孪生、三维仿真等技术,实现了工厂级三维实景漫步,实时展示全厂订单生产状态以及生产设备工艺参数,辅助电缆产品工艺设计;建立生产运营集控中心(图1),集成了数据采集、生产指令、作业控制、设备信号传递、异常报警等多项功能,并对相关人员职责与业务流程重新定义,将管理与数据深度融合,实现了计划调整、调度转运、生产换料、生产异常处理等多个业务环节的高效协同;建立管理指标体系,涵盖了销售、计划、生产、质量等所有业务部门,有效提升管理层决策能力,计划时效、工艺质量、库存积压、生产成本均得到逐年优化。

图1　晨光集控中心

三、应用成效

①两大分厂平均的计划完成率从2017年的75%,提高到2024年的96%,两大分厂快速响应并聚集生产计划所需资源,实现协同化生产。一分厂电缆产品产量从2017年的485千米,提高到2024年的589千米;五分厂的导体生产产量从2017年的2.2万吨,提高到2024年的3.7万吨。

②企业通过该系统实现了设备信息化管理,能够有效监控分厂设备维护保养情况,设备点检记录信息可实时传输到该系统中,实现了设备故障实时响应维修。两大分厂的设备完好率从过去的平均72%提高到97.9%。

③在导体生产中通过单丝扫码,避免不同规格丝混用导致的导体电阻率不合格而报废,保证导体质量符合用户规定指标。两大分厂的成品质量合格率从2017年的平均94.5%,提高到2024年的平均99.6%。

④企业通过该系统实现了材料定额管理信息化,能够实时从数据对比中发现控制差异,指导生产分厂和生产机台进行调整。两大分厂的材料利用率从2017年的平均97.8%,提高到2024年的平均99.8%。

数字化工厂系统在帅特龙的集成应用

——浙江文谷科技有限公司

一、项目背景

随着汽车技术的快速发展,汽车零部件不断更新,设计和生产难度增加,需求量增大,这对汽车零部件企业的产线设备、控制系统的柔性,对原料的管控和对生产计划的控制等提出了更高的要求。宁波帅特龙汽车系统股份有限公司(以下简称"帅特龙")是一家集设计、研发、制造、销售汽车零部件为一体的国家高新技术企业,面对日新月异的市场变化,帅特龙对企业数字化转型升级有着迫切的需求。

二、项目概况

浙江文谷科技有限公司(以下简称"文谷科技")按照帅特龙"离散型智能制造"的数字化车间建设要求,打造数字化工厂系统,完善产品的自动化和信息化制造过程,建设内容主要包括工业装备和工业信息化系统等。

工业装备方面,投入门把手柄自动柔性装配线、AGV、在线监测系统、码垛系统、动仓系统等九台(套)关键智能制造装备。工业信息化系统方面,新增ERP系统和MES二期,并完成与PLM系统基础互联;通过工业互联和信息化系统,完善整个制造体系、生产装备与信息化系统之间的交互。具体如下。

（一）车间设计数字化

对车间生产线进行三维仿真设计,避免后期设备安装干涉或二次调整的问题。将先进传感、控制、检测、装配、物流和智能化工艺装备与生产管理软件高度集成,打通 ERP、PLM 和 MES 等各系统的数据接口,实现工艺设计、生产计划、生产执行和生产运营等数据信息流互通。

（二）生产过程可视化

利用传感器和实时数据采集系统对生产流程进行实时监控,实现生产流程可视化。同时,基于大数据技术对收集到的生产数据进行分析,进而对生产工艺进行预测优化。这次改造的主要生产设备和检测设备的工作状态均可显示在帅特龙数字化车间总控中心看板上,如图1所示。

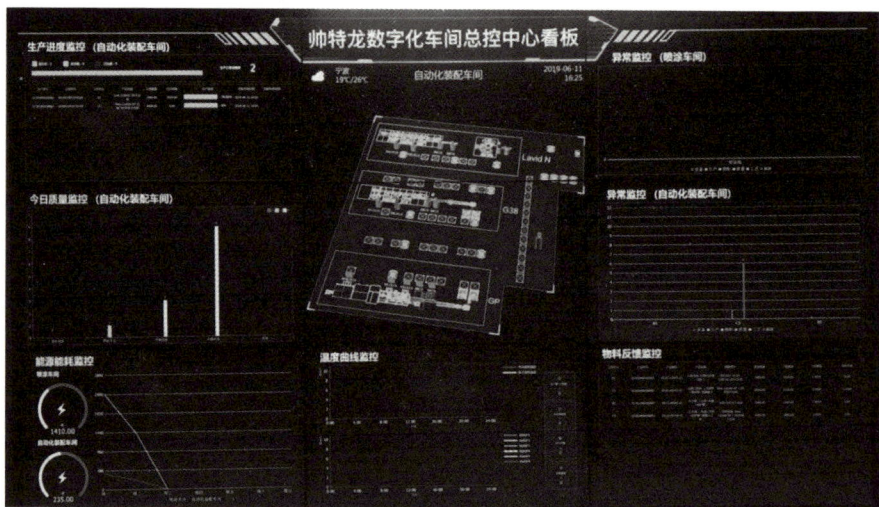

图1　帅特龙数字化车间总控中心看板

（三）智能制造装备应用

该数字化工厂系统集成了众多智能装备,包括高能机床及工业机器人、智能传感与控制装备、智能物料与仓储装备等。其中,高能机床及工业机器人包括六轴关节型、平面关节(SCARA)型搬运机器人和高性能多关节伺服控制器,所有机器人均采用高性能多关节运动控制系统;智能传感与控制装备包括智能仪表、信息化标签、条码等采集系统装备,PLC、文谷SCADA、高性能高可靠嵌入控制系统等;智能物流与仓储装备包括智能输送与码垛成套装备、车间物流智能化成套装备等,装配车间配备AGV、移动储位、WMS等。在车间现场,自动化组装车间、AGV、自动物流运输系统等设施系统的应用,可实现智能物流的协作运行,提高物料周转效率并使现场更加整洁有序。

三、应用成效

该数字化工厂系统全面应用后,帅特龙企业运营的各方面都取得了明显改善,研发周期大约缩短20%,产线效率提升12%,产品不良率下降18%,物料齐套率提升15%,市场竞争优势得到进一步提升。在经济效益方面,数字化工厂系统的应用使帅特龙企业内部数据透明化、产线自动化、管理规范化、质量稳定化,让帅特龙的上游客户能够更加放心地下订单。

模具制造企业神经元网络智能生产操作系统（Neural-MOS）应用

——宁波创元信息科技有限公司

一、项目背景

模具制造是典型的非标定制化生产，在需求、设计、生产、测试等环节普遍存在高度不确定性，这导致了排程难、调度难、决策难等行业共性问题。宁波君灵模具技术有限公司、宁波恒奇精密模具有限公司、宁波臻至机械模具有限公司等在模具生产领域处于领先地位，但均面临以上问题，期望通过搭建专业级工业操作系统，实现生产制造的转型与升级。

针对上述问题，宁波创元信息科技有限公司（以下简称"创元信息"）自主研发了一套神经元网络智能生产操作系统，即Neural-MOS。

二、项目概况

Neural-MOS是创元信息自主研发的面向离散制造领域的专业级工业操作系统。该系统首次采用数字孪生、生产指挥数据链、智能动态排程算法等创新技术，可有效解决模具等离散制造排程难、调度难、决策难等难题，已服务于全省的模具企业（注塑模具、压铸模具、冲压模具等生产企业）、跨省域的上游企业（模具钢、热处理、标准件等生产企业）及下游企业（汽车零部件生产企业、注塑厂、压铸厂等），为其提供产品全生命周期进度管理、智能动态生产排程、交期管理、机加管理、供应链管理等服务,大幅提升了模具等离散制造企业的生产效率和其对内外部事件的响应速度及准确度,有效提升模具等离散制造企业数字化水平。

三、应用成效

Neural-MOS已在模具行业深度应用,被宁波市北仑区政府认定为模具行业百企提升指定解决方案。模具中小企业通过数字化改造可平均实现生产效率提升25%以上,生产管理人员减少20%以上,低级错误减少15%以上。宁波市形成了以Neural-MOS数字化改造模式为特点的模具行业数字化全面转型"北仑模式"。

宁波君灵模具技术有限公司应用Neural-MOS进行数字化改造后,模具车间基本实现有序化、数字化、透明化生产,如图1所示;生产效率提高约30%,返工率减少约15%,管理人员减少约50%。

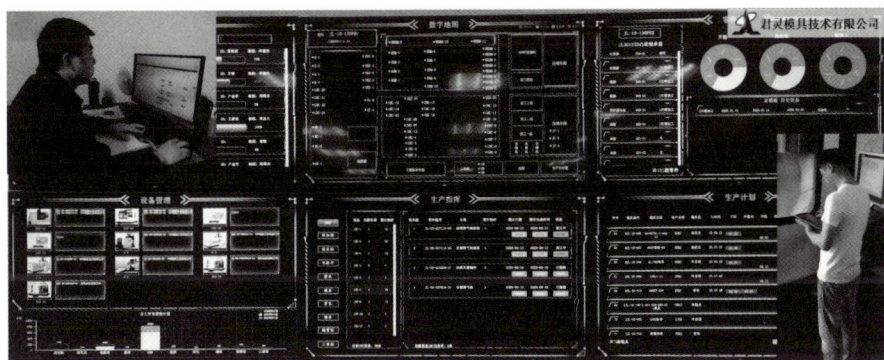

图1　宁波君灵模具数字化车间

宁波恒奇精密模具有限公司应用Neural-MOS后,在员工和设备数量基本不变的情况下,产能提升约100%(从月均35副提升至70副),交期缩短20%,成本降低15%,返工率降低30%,管理人员减少40%。

    宁波臻至机械模具有限公司以 Neural-MOS 为核心开展数字化改造后,实现了车间一线生产数据的实时采集、厂内所有生产资源的监督管控,解决了生产资源冲突、任务分配不合理等难题。Neural-MOS 上线不到一个月,该企业生产效率已至少提升了 10%。

纺织行业数字化管控系统应用

——浙江三象数据有限公司

一、项目背景

纺织行业信息化技术的普及应用水平总体不高。企业信息化的协同与集成应用水平偏低,CAD/CAM、MES、ERP等信息技术仅在具有一定规模的大中型企业中全面应用,多数企业仍处于局部应用阶段,其管控一体化程度有待提高。

针对上述问题,浙江三象数据有限公司(以下简称"三象数据")面向纺织行业开发了一套数字化管控系统。

二、项目概况

2020年4月,三象数据与浙江澳亚织造股份有限公司(以下简称"澳亚织造")签署数字化项目合同,对澳亚织造工厂近1000台织机加装传感器,构建起涵盖订单管理、整经管理、计划排产、生产派工、生产执行、品质管理、绩效管理、可视化看板等功能模块的数字化管控系统,实现了工厂生产过程透明化、精益化、协同化的全流程管控,以数据分析反向指导生产管理,提高了该企业生产效率和管理精细化水平。系统详情界面如图1所示。

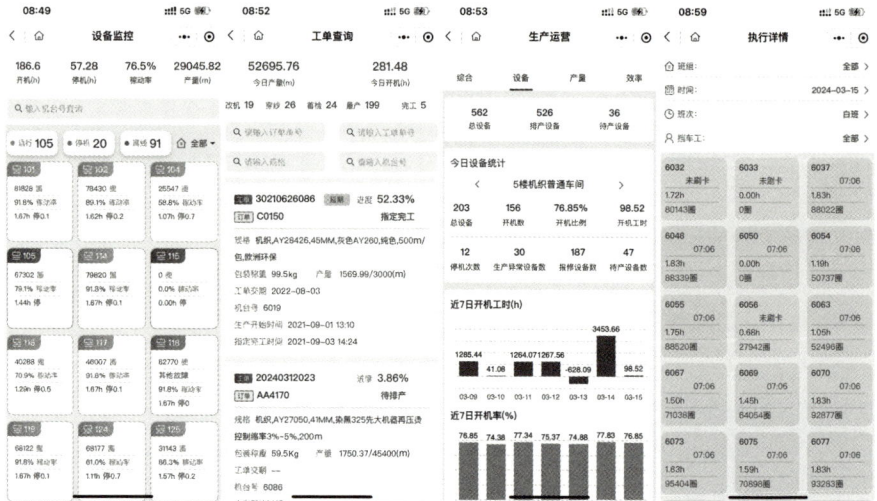

图 1 系统详情界面

三、应用成效

本项目先后获得金华市 2020 年数字化车间（智能工厂）示范项目、2023 年中国纺织工业联合会信息化成果奖、工信部 2023 年新一代信息技术典型服务案例等荣誉，取得了如下应用成效。

①采用无线流量控制调度和层次化数据缓存技术，实现传感器高密度低时延部署，支持多模态融合的数据实时采集边缘节点，实现了海量数据的可靠接入以及稳定连接。

②研发了一种分布式环境中织机排程优化算法，对生产计划变更、设备故障等突发事件进行模拟仿真，实现了订单工序快速优化排程。

③澳亚织造生产效率提升 18%，设备利用率提高 25%，订单生产周期缩短 12%，年均节约原料成本超 200 万元。

智领服务型制造平台在电动工具制造领域的应用

——金华智领科技有限公司

一、项目背景

浙江开创电气股份有限公司(以下简称"开创电气")主要从事家用级手持式电动工具整机及核心零部件的研发、设计、生产、销售及贸易,是一家专业的电动工具制造商。为解决厂内生产耗能设备缺乏精益管理、设备频繁启停、设备空载率高、物料流转效率低、不良品率高等问题,开创电气开始进行数字化改造。2021年,开创电气投资打造金华智能工厂示范项目,项目投资总额3100多万元,建设内容包括设备、软件和硬件。开创电气希望借助金华智领科技有限公司(以下简称"金华智领")研发的智领服务型制造平台实现五大应用,同时解决公司在数字化转型中存在的以上问题。五大应用主要包括:研发设计数字化、资源管理数字化、生产制造智能化、物流智慧化、产品及服务数字化。

金华智领致力于打造基于"数据流+价值流"的离散制造业数字化软件,结合新一代的物联网技术与丰富的现场交互手段,秉持工业工程精益思想,为开创电气等离散制造业客户的数字化升级提供从规划到实施落地的端到端工厂级解决方案,构建智领服务型制造平台,持续提供数据智能服务。

二、项目概况

　　开创电气应用金华智领研发的以MES为核心,集成PLM、ERP、金蝶人力资源管理系统、WMS等的智领服务型制造平台,实现了生产过程的智能化。开创电气基于CPS和工业互联网构建智能化改造原型,主要包括管理级、执行级、物理级。其中,物理级包含工厂内不同层级的硬件设备,从最小的嵌入设备和基础元器件开始,到感知设备、制造设备、制造单元和生产线,相互间实现互联互通;并以此为基础,构建"可测可控、可产可管"的纵向集成环境,如图1所示。

图1　集成环境

　　智领服务型制造平台涵盖开创电气经营业务各个环节,该平台包括工厂建模、计划物控、制造BOM、APS、现场控制、智能物流、数据采集、现场可视、SCADA、异常预警、产品溯源、生产大数据、大屏监控与移动端推送等功能模块,与PLM、ERP、S-HR、云之家等软件可进行数据交互,与传感器、PLC、数控机床、加工中心、机器人、AGV等智能装备可进行工业互联,是能够通过触摸屏、PDA、工业相机、条码、液晶看板等多种手段进行交互的一体化、可视化、智能化、数字化系统,改造后现场如图2所示。

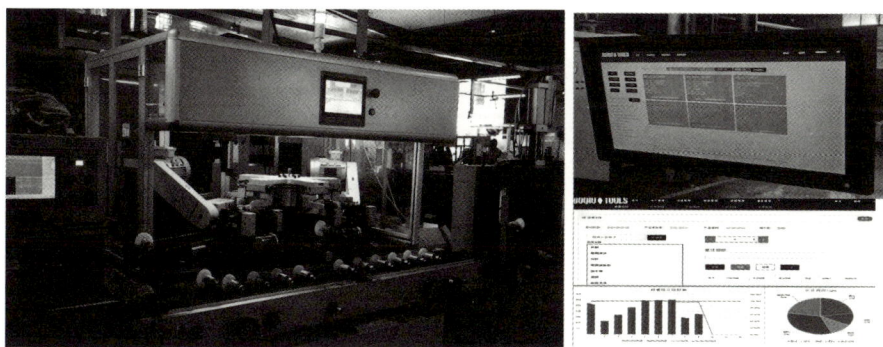

图 2 改造后现场

三、应用成效

应用智领服务型制造平台后,开创电气的产能提升了 28.5%,产品研发周期缩短 14%,产品交付周期缩短 20%,单位能耗减少 3.8%,设备稼动率提升 10%,设备与该平台的连接实现了实时数据监控,包括产量信息、状态信息、预警信息等的可视化和数字化,同时实现了对设备和刀模具的全生命周期管控,产品合格率达到 100%。智领服务型制造平台的具体应用成效如下。

①该平台通过 MES 建立起全生产过程数据管理平台,能够及时记录生产信息,监测生产工艺,分析质量数据。管理人员可通过数据分析,提高工作效率、优化车间管理,从而提高产品质量,降低生产成本,缩短生产周期。

②MES 能通过数据接口与 ERP 系统实现业务数据联动,在该平台上集成生产调度、产品跟踪、质量控制、设备故障分析、报表等管理功能,为管理人员提供及时准确的信息,使其可及时根据内部资源情况及外部需求的变化调整生产计划,以降低成本、提高产品质量、按期交货和提高客户满意度。

③制造过程无纸化管理,可视化管控。该平台在生产过程中将工艺卡、检验卡片、生产日报、生产点检等作业文档无纸化,便于管理人员快速查询生产过程信息,全程监控在制品的生产和质量、设备运行状况、设备运行性能参数等,实现了生产过程信息可视化管理。

浙江柏为 MES 在麦田能源的应用

——浙江柏为科技有限公司

一、项目背景

温州麦田能源有限公司(以下简称"麦田能源")总部位于浙江温州龙湾区,是逆变器及储能系统制造商,由业内专家团队合力打造创新产品,给用户带来高稳定性和高效表现。麦田能源凭借优秀的品质、专业的服务和优异的市场表现,荣获 EUPD Research(全球著名太阳能行业权威认证机构)颁发的"2022年顶级光伏逆变器品牌"称号。但在生产制造过程中,麦田能源存在原材料管理混乱、生产实时状况不清楚、产品质量无法持续提升、客户交期延后等问题。针对以上问题,经过现场沟通与调研,浙江柏为科技有限公司(以下简称"浙江柏为")为其提供了一套自主研发的制造执行系统——浙江柏为 MES。

二、项目概况

浙江柏为 MES 可提供制造数据管理、计划排程管理、生产调度管理、库存管理、质量管理、设备管理、工具工装管理、项目看板管理、生产过程控制、底层数据集成分析、上层 ERP 数据对接等管理模块,为麦田能源打造一个扎实、可靠、全面、可行的制造协同管理平台。

浙江柏为 MES 不仅能够帮助管理人员完善管理制度、提高生产管理水平和生产效率、查看生产库存、维护客户关系等,实现生产管理智能化,还可满足麦田能源的生产信息数字化、质检数字化、制造设备数字化、生产排程可视化等需求,实现车间透明化。该系统框架如图1所示。

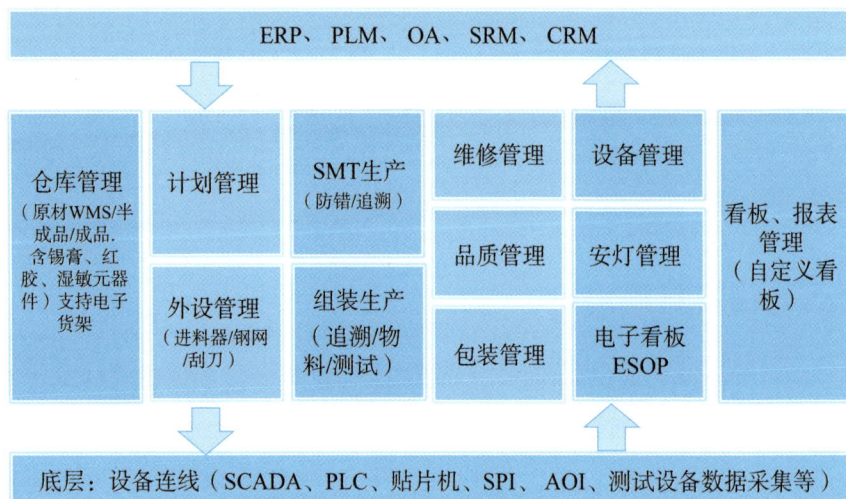

图1 浙江柏为MES框架

三、应用成效

通过浙江柏为MES的仓库管理系统(WMS)、智能感应货架、生产制造执行系统(MES)、ERP数据互通、智能排产等模块,麦田能源实现了从原材料检验入库到贴片、插件、装配全车间的系统联动。该系统涵盖了仓储管理、防错追溯、工艺流程管理、在制品管理、设备数据采集、统计分析、报表管理、良率分析以及交验合格率分析等。

该系统上线后,仓库面积利用率增加40%,仓库作业人员减半;实现收料随机存储,不需要固定库位;一键多工单发料,亮灯目视化提示拣料,提高了作业效率;物料先进先出、MSD有效期管理;通过导入唯一码实现精细化物料管理、物料精细化追溯;低位预警看板目视化提醒每个料站物料使用情况,防止缺料停机;SMT错料问题趋近于零。

玻纤窑炉智能控制系统创新研发应用

——桐乡华锐自控技术装备有限公司

一、项目背景

玻璃纤维是一种高性能无机非金属新材料,广泛应用于建筑建材、电子电器、轨道交通、航空航天和风力发电等领域。目前玻璃纤维生产工艺以先进的池窑拉丝为主,窑炉的智能精确控制显得尤为关键,但窑炉的全自动控制面临着一系列技术上的挑战。窑炉控制管理系统需要在维持优秀控制指标的同时实现节能和稳定控制,还要具备高度的自适应能力和故障处理能力。近年来,随着信息技术的迅猛发展及其与软硬件技术的持续融合,市场对更智能、更高效的窑炉控制管理系统的需求愈发迫切。

为满足上述需求,桐乡华锐自控技术装备有限公司(以下简称"华锐自控")研发打造了一套窑炉智能控制系统。

二、项目概况

窑炉智能控制系统(图1)由五个核心平台构成,分别是视觉分析平台、生产数据采集平台、窑炉控制平台、系统警报平台和数据可视化平台。各平台具体功能如下。

图 1　窑炉智能控制系统

①视觉分析平台,即基于自主研发技术的窑炉内部图像采集与分析系统,通过高精度的图像采集设备,实时捕捉窑炉内部的生料线动态,再通过先进的图像分析算法,将图像信号转化为可供控制计算使用的数字变量,为上游数据分析和模型提供至关重要的控制反馈,确保窑炉运行状态的实时可知和可控。

②生产数据采集平台,以 SCADA 平台为基础,实现了厂区内生产数据的实时、准确采集和存储,通过一系列数据分析工具,对实时采集的数据进行深度挖掘和分析,精确拟合各变量之间的关系,并生成详细、全面的长时间范围生产数据报表,为生产管理提供有力的数据支持。

③窑炉控制平台,充分利用生产数据采集平台和视觉分析平台提供的丰富数据资源,采用模型预测控制算法,建立了各个关键控制参数的预估模型,是系统的核心所在。该平台不仅解决了传统控制过程中存在的滞后性、高耦合性和复杂变量等难题,还实现了窑炉的自动化、精准控制,大大提高生产效率和产品质量。同时,在细纱窑漏板控制上应用了华锐自控自主研发调功器,使控制响应更快、精度更高。

④系统报警平台,可实时监控数据采集平台的数据变化,一旦发现异常情况,立即触发报警机制,同时报警信息配置系统,可自动选择最合适的报警方式。

⑤数据可视化平台,通过直观、易懂的图表和报表形式,实时展示年度和月度生产指标数据,使各类考核数据和变化趋势一目了然;不仅为生产管理提供极大便利,还使得生产状况的变化能够迅速被管理人员察觉和调整。

三、应用成效

华锐自控成功为一大型玻璃纤维生产基地搭建了窑炉智能控制系统,并实现了窑炉的全自动控制。

该系统运行稳定可靠,有效应对了燃气热值的变化波动,大幅提高了空间温度的稳定性,温度波动幅度从原来的±5℃缩小到±2.5℃;拉丝开机率从 95.5% 提升至 98%,号数合格率偏差从原来的 3.5% 以内降低到 2% 以内。

　　此外,该系统依托生产数据采集平台和数据可视化平台,实现了企业各项业务的实时监控和分析,可提供全面、准确的数据支持,帮助管理人员制定更加科学、合理的生产计划和管理方案,提高该企业决策能力和管理水平。

企业级工业互联网平台在利中底盘件的应用

——浙江兴达讯软件股份有限公司

一、项目背景

浙江利中汽车底盘件有限公司(以下简称"利中公司")是一家专注于汽车底盘悬挂、转向零部件以及汽车驱动轴产品研发、生产与销售的中加合资企业,是印太区最大的控制臂制造中心,拥有大量的智能化加工、冲压、机器人焊接、塑料成型等生产设备,并建有先进的在线检测设备以及具有充分试验能力的先进实验中心。利中公司除装配外的所有工序为委外加工,加工商近300家,平均一名采购人员需负责10家加工商,采购人员的工作强度较大,且难以精准掌控加工商的加工品质、交期等事项。

浙江兴达讯软件股份有限公司(以下简称"兴达讯")致力于工业物联网平台、工业云平台和工业互联网平台在中小企业数字化转型过程中的应用和服务。2012年,兴达讯与利中公司达成合作,为利中公司规划布局建设企业级工业互联网平台,分阶段实施推进,并在信息化、数字化建设道路上不断优化迭代。

二、项目概况

企业级工业互联网平台将利中公司内部、外部采购加工等环节全部打通,对SCM、PLM、MES、ERP等系统做了整合,实现了业务、生产、加工全流程的数字化综合管理。各阶段主要建设内容如下。

①第一期,开展业务流程标准再造,实现大框架进销存、计划、生产的信息化。

②第二期,随着利中公司的发展,增加采购人员已无法满足公司对外协商生产进度进行掌控的管理需求,故通过引入SCM系统,实现供应链端信息化。

③第三期:供应链配套企业(供应商、外协商)需求迭代升级,对产品研发协同等提出新要求,故为利中公司技术部引入PLM,便于其对基础数据、BOM、工艺、图文档进行管控,该平台的管理工具让利中公司新产品研发过程透明化,周期缩短,提高了技术部工作效率和信息化程度。

④第四期:以机器代人工,引入AGV和立库等智能仓储设备,实现信息系统与自动化硬件协同,升级仓储端数字化应用;结合MES构建柔性装配产线,如图1所示,解决多品种小批量生产端问题。

图1 柔性装配线结合MES

三、应用成效

①销售、计划、生产、采购一体化体系建立,利中公司追踪及时率达到 95% 以上;其计划变更比例也从 20% 降到 10%,库存准备率达到 98% 以上。

②实现条码齐套管理,应用该平台后可将同一工单的所有物料配到同一个托盘上,扫码系统将自动进行匹配,并确认所有物料是否已经齐套。

③在外协供应链管理方面,该平台帮助利中公司将采购人员减少 30%,采购及时性提高 40% 以上,周转周期缩短 20%。

④通过采用"立库+AGV"智能物流对接,为利中公司减少了 70% 物流人员。ERP 系统无缝对接"立库+AGV",管理人员可利用其对原料入库、装配发料、成品出入库等全应用场景进行管控。

⑤柔性产线匹配该平台实现了时间和空间上的突破,使同一产线可在同时间组装不同订单产品,提升了产线产能及适配性,实现柔性制造。

注塑MES在汽车零部件工厂的应用

——亚软数字技术(温州)有限公司

一、项目背景

浙江得业电机科技有限公司(以下简称"得业电机")主要生产汽车散热风扇、暖风电机、雨刮电机、汽车电器等。注塑是汽车零部件制造的重要工序。在竞争日趋激烈的汽车零部件市场中,使用传统方式管理注塑车间的得业电机已无法满足主机厂和外贸客户的产品需求,急需利用现代信息技术和数字化工具来提升注塑车间的生产效率、质量控制和管理水平。

二、项目概况

针对得业电机对其注塑车间的数字化需求,亚软数字技术(温州)有限公司(以下简称"亚软数字")进行定制开发,形成了一套注塑MES个性化解决方案,流程如图1所示。通过注塑机采集器采集注塑机实时参数、设定参数、实时状态、生产计数等核心数据,同时设置了ERP、PLM系统接口,实现物料、计划、图纸、工艺等数据互联互通。注塑MES包括注塑机联网、排产派工、图纸下发、SOP发布、模具管理、质量检验等模块。注塑机安装了工业平板电脑、模具工人使用的PDA终端。生产工人可利用注塑机安装的工业平板电脑实时查看图纸、SOP 文件,操作工单;模具工人利用 PDA 实现模具操作的规范化,有效提升了良品率及生产效率。

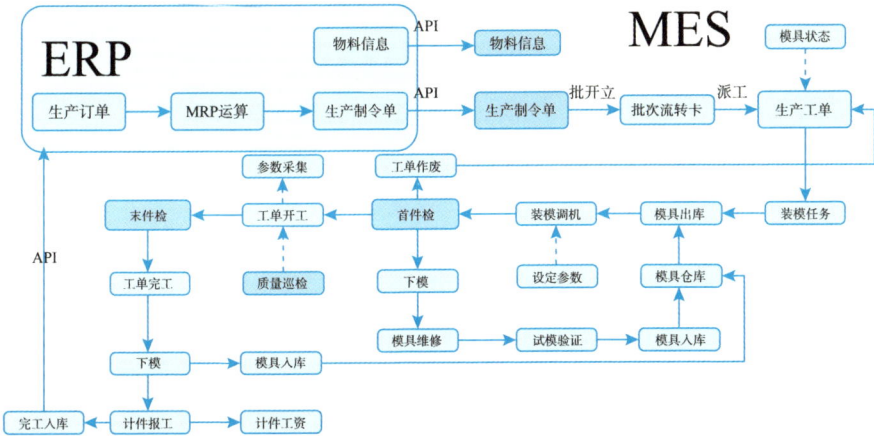

图 1　应用注塑 MES 的注塑车间业务流程

三、应用成效

①保证参数准确性。该系统通过将注塑机联网来采集注塑机设定参数,以进行参数比对并集中化管理,当参数超过警戒值时该系统将报警,并保存参数用于质量分析,解决了注塑设定参数无法追溯的问题,避免了操作工非法修改注塑参数、注塑参数因人员离职而遗失等导致的质量问题。

②实现产品全生命周期管理。该系统对模具任务的派发采用"滴滴式"的抢单模式,可根据实时产能排产和派工,实现机器的产能负荷平衡。模具工人使用 PDA 领取订单,并对上模、首件检、下模进行过程记录,这样解决了小批量、多品种、频繁上下模的任务分配问题。

③提高产品合格率。将首件检、末件检、巡检等一系列质量检验数字化,严格执行质量检验,防止了不良品大批量出现。

鹰厂长·智造系统数字化转型应用案例

——台州鹰厂长科技有限公司

一、项目背景

浙江远邦动力科技股份有限公司(以下简称"远邦动力")是生产汽车零配件的专业厂家,主要产品为新能源汽车电机转轴、汽车启动马达单向器及配件等。作为典型的机加工行业企业,远邦动力在人、机、料、法等各项要素管理中存在以下问题。

①人:在使用了机器人的情况下,依然存在大量需要人工操作的工序,管理难度大。

②机:使用了数控车床、加工中心、液压机等数十种机加工设备,设备的运行状态和效率很难实时跟踪。

③料:产品加工需要使用钢材、注塑件、紧固件等,物料的种类多、批次多、批量少,依靠纸质单据进行物料管理的难度大,容易出错。

④法:产品的工艺路线复杂,涉及下料、挤压、热处理、表面处理、金属切削等,最长的工艺工序高达40多道,涉及众多设备、人员和物料并有严格的质量管理要求,若依赖专人管理易成为生产管理的瓶颈。

台州鹰厂长科技有限公司(以下简称"鹰厂长")是专业的数字工厂SaaS软件提供商,核心产品为"鹰厂长·智造"系统,该系统融合了ERP、MES等系统,可帮助企业全面管控生产流程的全部环节,对中小制造企业降本增效的成果显著。2020年,远邦动力与鹰厂长达成合作。鹰厂长为其引入了"鹰厂长·智造"系统。

二、项目概况

"鹰厂长·智造"系统融合了 ERP、MES、PLM、设备管理、数据采集、质量管理、仓储管理、业务管理等,如图1所示,可帮助企业全面管控生产流程的全部环节,同时可让操作工人、质检员、仓管员等一线员工都深度参与到企业数字化进程中。

图1 "鹰厂长·智造"系统关联融合模型

"鹰厂长·智造"系统的应用大量采用了手机、大屏数字电视、平板电脑、一体机等民用级数码产品,可全面管控企业的生产状态、订单进度、生产问题、员工协作等,充分满足远邦动力对生产管理、质量管理的复杂需求。同时该系统还具有以下特点。

①放弃本地服务器部署,采用云端服务,安全稳定。

②放弃PDA、专业扫描枪等硬件,改用手机、大屏数字电视、蓝牙打印机等民用级硬件,硬件成本大幅降低。

③所有产品编码、工艺资料保持唯一。

④员工使用手机报工,生产计划进度实时可控。

⑤采集设备数据,掌握设备真实的生产情况。

⑥生产任务单直接下达到员工手机,提高员工效率。

⑦作业指导书、图纸直达终端,避免生产错误。

⑧质量追溯到设备、图纸、原材料、质检细节。

三、应用成效

远邦动力自2020年引入"鹰厂长·智造"系统运营至今,降本增效成效显著。

①生产周期缩短35%,物料浪费减少60%,生产浪费减少50%,人力浪费减少40%,纸质单据减少60%、数据汇总分析时间减少70%。

②人员效率提升明显,计划员提升40%、物控员提升30%、统计员提升50%、操作工人提升5%。

③年产值由2020年的不足4000万元,跃升至2023年的8000万元,取得了较高的经济效益。

电子配方系统（iFormula系统）在食品饮料、医药等行业的应用

——杭州贤二智能科技有限公司

一、项目背景

贤二智能电子配方系统（iFormula系统）是由杭州贤二智能科技有限公司在食品饮料、医药、日化等行业深耕研究与应用实践的基础上，基于配方配料作业过程防错防呆与追溯等特有业务场景需求开发的生产执行系统。该系统可重点解决传统配料作业过程中，人工作业烦琐、配料过程易出错、物料无法追踪、无法实时监控、数据报表不真实等问题。

二、项目概况

历经15年的研发沉淀和大量实践应用，目前iFormula系统已升级迭代到了V7.6版本，已广泛应用于食品饮料、医药、日化、新材料、精细化工等行业，成为数字车间、数字工厂配料过程作业数字化、智能化的重要组成部分，助力企业实现高效作业、信息溯源、品质保证。

iFormula系统通过集成信息化、自动化、物联网技术，覆盖了领料、线边仓、配料、投料、统计分析、设备对接等作业环节，具有角色权限、工艺防错、智能称量、智能投料、进度监控、在线分析、称投料作业、智能报表、物料正反向追溯等数字化作业及报表功能，并在关键的称料、投料环节

配有专利设备,可实现防呆、防错和精细化作业,提升作业效率。iFormula系统功能模块如图1所示。

配方管理	电子称重	二维码载体	线边仓
原料管理	计划称重	原料二维码	入库赋码
配方管理	标签打印	称重二维码	入库检验
配方工艺管理	原料复称	电子表单	领用管理
批次记录	在线管控	称料统计分析	原料赋码
原料批次	计划监控	复称统计分析	结存管理
产品批次	设备监控	投料统计分析	退库管理
配料防错	移动管理	批次追溯	余料赋码
称料防错	生产监控	按计划追溯原料批次	其他
复称防错	产能分析	按原料追溯计划批次	设备对接
投料防错	成品分析	原料批次追溯供应商	异构系统对接

前处理设备、MES系统

ERP系统

图1　功能模块

三、应用成效

截至2023年年底,iFormula系统已累计完成数百条无菌线、热罐线、配料车间的配料防错与追溯,是一套能为企业提供数字化配料防错、降低人工成本、提升产品品质的成熟解决方案。具体应用成效如下。

①全程智能配料防呆防错方面。iFormula系统具有多层次完整的数据安全和操作安全机制,包括角色管理、权限管理、系统日志、配方及加密条码、配方变更日志、称投料日志、设备日志等审计及追踪功能,可通过一物一码,实现全程防错与追溯。

②配方称量作业方面。iFormula系统称量端通过专利设备,实现智能称料防错、合规赋码、智能校称、智能语音、称料与复称角色分离等功能,解决了传统手工作业配料任务繁重、烦琐、配料过程易错误的问题,这种称量作业操作简便、防错智能、配料效率高。

③配方投料作业方面。iFormula系统投料端实现了原料扫码自动识别、声光报警及锁控、视频在线监控等投料防错功能,解决了配料投料过程中产线多、原料多、任务多、配方多及工艺投料要求多等导致的原料投料易投错问题。

④系统及专利设备方面。iFormula系统的软硬件设计符合食药监管、GMP要求,操作简便、智能、准确,在实现配料防呆、防错和正反向追溯功能的同时,极大减少一线称料员烦琐、重复的工作量。

⑤系统接口。iFormula系统接口硬件部分采用标准OPC(UA)、232、485通过协议与第三方设备无缝集成,软件部分提供基于Restful风格WebAPI接口数据资讯交换服务。

新维智造MES在蓝波的应用
——温州新思维智能科技有限公司

一、项目背景

蓝波智能科技有限公司(以下简称"蓝波")成立于2014年,是一家中国无区域化公司,主要研发和制造高端金属按钮开关、继电器、指示灯、急停开关、旋钮开关、蜂鸣器、开关电源等产品。产品具备大电流、带灯、防水、防尘、防爆等功能,可定制化开发。与其他电气类生产型企业相比,蓝波以电商业务为核心,开展非标定制化生产,其流程、工艺和物料在管理上都有特殊的需求,蓝波的产品交期短、小批量订单多,需进行产品质量追溯等。

为顺应制造业信息化趋势,蓝波与温州新思维智能科技有限公司(以下简称"新思维")达成合作,针对企业生产管理现状和发展目标提出需求。新思维在用友YonSuite应用的基础上,为其部署新维智造MES,打通了电商平台数据交互,并运用数字化管理手段,搭建了一套柔性、适应多种制造环境的数字化管理系统,以满足蓝波全流程质量追溯和过程控制要求。

二、项目概况

新维智造MES很好地解决了车间现场管理过程中出现的问题。它依托数字化技术,改变了原来车间统计员手写开单、制作报表的数据采集模式,在提高生产效率的同时保障了数据的准确性。车间工人可通过终端直接浏览对应产品的图纸,每完成一道工序后扫码报工,此时电子看板可实时显示订单的生产进度,这有助于加快生产节奏;同时,在车间系统报工后主管将进行报工审核,审核通过后工资立即生效,财务人员不需要再重复输入。新维智造 MES 的框架如图 1 所示。

访问方式	电脑:IE、谷歌、火狐等浏览器			移动:APP、微信		
智控中心	MES管理	WMS管理	质量管理	设备管理	模具管理	设备云中心
新维智造 八大管理模块	产品数据管理	产品任务管理	生产派工报工	不良品回报	报工审核	其他费用
	计件工资管理	设备负荷查询	生产质量管理	模具管理	首检管理	巡检管理
	库存管理	设备管理	产品履历追踪	IoT(设备联网)	设备故障报警	设备维修管理
	协同办公	统计报表	管理看板	第三方系统接口	报警信息中心	数据查询分析
支撑平台	开发平台	私有化部署	SAAS租赁	设备联网	智慧硬件整合	安全控制

图 1　新维智造 MES 框架

三、应用成效

新维智造 MES 将生产过程管理与业务紧密结合,根据 MES 的核心技术,对库存、生产现场的各个环节进行全面数据采集和管理,降低了生产成本,增强了企业产品竞争力,打造数字化透明工厂。其主要作用如下。

在质检管理上,该系统实现了无纸化操作,并能实时反馈产线产品的质量状况,提升企业质量部门分析能力;同时,基于全过程数据采集,形成了完整的产品制造档案,实现最大限度地对生产过程追根溯源,满足合规要求。

　　在数据采集和管理上,新维智造MES与用友YonSuite全面结合应用,为蓝波打通了电商平台的数据交互,决策人员可实时掌握市场信息和状况并据其及时调整策略,从而提升了蓝波应对市场变化的能力及其客户满意度。生产管理人员能够实时掌握生产信息,跟踪全链路生产进程,科学管理,降低生产成本;通过实时监控生产过程中的各类数据,可以更准确地掌握每一种产品的实际人工成本,从而进行更精准的成本控制。

　　在可视化上,该系统可提供各类报表和数据导出,帮助决策人员更好地了解企业的进销存情况、生产状况、质量状况和财务状况等,为企业经营决策提供有力支持。该系统可通过大屏电子看板、工业平板、电脑、移动终端等集中呈现管理需要的各项指标,使管理人员实时掌握生产的真实情况,真正实现了可视化管理。

精密零部件企业数字化智能工厂建设解决方案

—— 杭州鲸云智能工业科技有限公司

一、项目背景

某家以先进制造业为核心的国际化控股集团,产品生产过程具有类型多、工艺复杂等特点,对精密度要求极高。随着该企业生产线不断扩大,以往的生产管理模式弊端逐渐显现,该企业急需采用系统平台整合资源,提高生产现场管理能力。具体存在以下几方面。

①系统难统筹。过去"烟囱式"的系统建设,存在重复建设、数据难共享等问题,无法将各生产运营环节全面统筹。

②生产不透明。无法实时监控生产状态,如果遇到插单、排单出错等问题,只能被迫停产,这造成了生产滞后。

③质量追溯难。生产过程中多个生产部件条码需要绑定及解绑,半成品的装配有诸多参数匹配要求,人工管控困难。

④库存浪费多。在制品无法被完全追溯,投料上料数据缺失,单个生产环节余料过多。

杭州鲸云智能工业科技有限公司针对上述问题,为该企业构建了一套制造运营管理系统——鲸云MOM。

二、项目概况

鲸云MOM贯通物流、生产、设备、质量等管理系统,实现了对人、机、料、法、环、测等制造资源的全面统筹调度,其系统架构如图1所示。

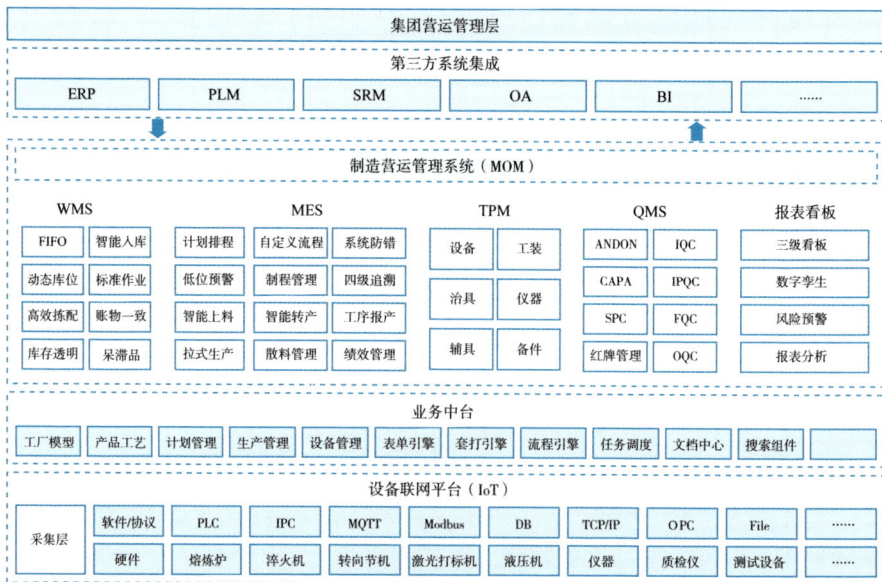

图1 系统架构

鲸云MOM通过设备联网平台,采集车间设备、生产过程、产品质量等关键数据,同时与ERP、OA等第三方系统互通,可将所有数据进行标准化清洗梳理,并汇集至数据湖进行统一管理与分析。

该系统还可通过MES对生产订单、生产报工、生产进度等进行实时监控,管理人员可及时掌握物料耗用、工单进度、产能负荷等生产情况。MES还可对生产数据进行分析,快速分解与优化生产排期,提高生产效率。对于报工,员工可通过手机终端全流程扫描二维码完成上岗、工单下达、备料、投产、完工报工等环节,严格遵守生产规范。

该系统对TPM模块,可实现设备工艺参数的实时监控、设备运作时间统计和性能稼动率、设备综合效率的分析和计算。当设备、工艺参数发生异常时,该系统可对接邮件、微信、钉钉等渠道进行多渠道提醒,并记录异常发生来源,减少设备损耗。

该系统的 QMS 将为每个产品赋予独立标识,每道工序都需扫码过站,实现电子化记录,从而构建产品完整追溯体系。同时该系统还会对生产过程数据进行实时监测、动态预警、过程记录分析,自动生成产品不良趋势图等多种可视化报表,达到事先预警、事中处理、事后反馈的目的,最终帮助该企业降低产品不良率,提高直通率。

三、应用成效

①鲸云 MOM 打通该企业各个系统,实现了统一平台操作管理,提高数据采集效率和准确度;能够形成各类看板报表与智能优化建议,有效帮助管理层全面统筹与决策。

②提高生产效率,减少浪费。鲸云 MOM 通过 MES 实时监控物料耗用、工单进度、产能负荷情况,实现按需物料采购;通过智能排程、产能调度优化,实现精准排产。该企业生产效率最终提升 18%、生产计划达成率提升 25%。

③通过统计设备使用寿命,加强设备保养。分析以往报警信息,该系统可提前预警并发现设备故障,设备异常事件统计降低 33%。

④追溯生产过程数据,提高产品质量。该企业成品合格率提高 21%。

第三部分

经营管理类

金蝶云·星空系统在家居用品行业中的应用

——金蝶软件(中国)有限公司杭州分公司

一、项目背景

浙江同富特美刻家居用品股份有限公司(以下简称"同富特美刻")是一家以外贸销售集团为主、内销为辅,并拥有自己生产基地的企业。跨公司管理导致该企业在财务管理、供应链管理、研发、生产管理、业务方式管理等方面存在问题,具体如下。

①核算体系不统一,系统监控缺失。

②研发与生产管理脱节,系统无法核算生产成本。

③内贸和外贸脱离,线上与线下业务脱节。

④各业务单元数据未形成数据规则,难以有效支撑绩效评估等。

二、项目概况

(一)使能企业价值链,增强竞争力

金蝶云·星空系统包含财务平台、PLM云、MES云、供应链云、全渠道云、外贸云、管易电商云等模块,金蝶浙江基于原有产品为同富刻美特做了定制开发。

金蝶云·星空系统通过"PLM云+MES云"的研产一体化,构建研发设计、供应链与生产制造的一体化协同平台,打通项目立项、研发设计、计

划采购、生产制造、项目交付五大环节。建立了统一、高效的产品研发全生命周期管理体系；实现项目成本精细管控、成本核算及数据分析。通过"全渠道云+供应链云"的营销一体化，为同富特美刻打通从内贸到外贸，从分销渠道到电商零售终端的全渠道营销管理，并实现各营销渠道均与"供应链云"打通。

（二）管易电商云+供应链云

金蝶云·星空系统通过"移动销售"轻应用，将"移动销售"发布至云之家，实现将订单接收从电话订货转变为企业方业务员或分销客户直接手机下单订货，后续发货、配送、应收等业务的处理也能在金蝶云·星空系统中完成。

（三）外贸云+供应链云

金蝶云·星空系统实现了全流程风险管控、全流程可视化和全流程业务财务一体化，涵盖从外销合同到采购计划、采购入库、生产入库、出运管理、储运托单、出口报关单证、结汇单证等整个进出口业务的完整流程，将外贸业务日常管理与风险控制有机结合，实现现金流、业务流、信息流统一管理（图1）。

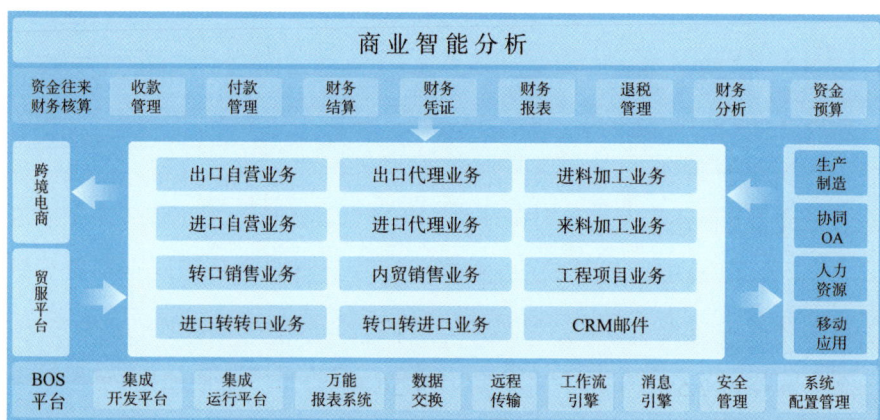

图1 同富特美刻商业智能分析

(四)业务移动数字化,向数据要效益

通过移动条码、云之家和金蝶云·星空系统的集成,实现管理重构加移动技术的数字化转型实践,将原本的电脑端或纸质流程转至移动端,实现了数据的高效流转。仓库人员可根据业务部门的出货计划,安排销售发货,使用 PDA 扫描成品条码发货。所有业务的审批工作迁移到云之家,包括费用报销、物料申请、采购流程、销售流程等,都由纸质操作转变为移动手机端操作,提高了业务审批效率。

三、应用成效

金蝶云·星空系统取得了以下应用成效。

①通过金蝶云·星空产品,打造同富特美刻业财一体化运营平台,五家公司已全部上线,全部业务财务凭证自动生成并完成财务成本核算,改变了原来与供应商对账难、付款周期长、供应商满意度低的局面,结账周期由原来 15 天缩短至 10 天,供应商满意度由 85% 提升至 95% 以上。

②针对收汇和水单认领,金蝶云·星空系统能及时抓取实时汇率动态,促使业务员及时收汇,应收账款由原来的月度 1000 万美金缩减至 300 万美金,大大提升公司资金回笼,减少公司利润的流失,增强公司现金流。

③通过智慧工厂、智能车间打造试点,以点带面向全公司推广,就试点情况来看,优化传统人工岗位 60 余个,节约人工成本 360 余万元;在生产管理模块的运营上,将产品品质合格率由原来的 30%,提升至 90%,每月节约成本 240 余万元。

④上线 PLM 系统,打造研发管理体系,实现研产供销一体化,将公司新物料增长速度降低 70%,零部件库存降低 60%,节约成本 600 余万元,产品成本降低 7.5%,相当于给公司创利 5000 余万元,交期缩短 27%。

⑤云之家移动办公实现了移动办公审批、移动考勤、费用报销、移动报销,单据流程流转率提高 30%,审核时限提高至 0.5 天。

汽配行业智能制造一体化平台应用

——浙江用友软件有限公司

一、项目背景

浙江双环传动机械股份有限公司(以下简称"双环传动")创建于1980年,自成立以来专注于机械传动核心部件——齿轮及其组件的研发、制造与销售,已成为我国头部专业齿轮产品制造商和服务商之一。其产品涵盖传统汽车、新能源汽车、轨道交通、非道路机械、工业机器人等多个领域,业务遍布全球,世界500强客户销售占比60%以上。

伴随该企业产值的不断增加,原有经营模式与管理模式产生巨大变化,主要如下。

①生产基地从一个扩大到多个。

②生产组织方式从功能横向布局转变成纵向一体化。

③管理模式从职能制向工厂、事业部制的职责一体化责任中心制转变。

单组织设计的系统已无法满足该企业未来发展的需要,且随着产品同质化竞争趋势日益增强,双环传动急需完善、高效的企业管控平台提供支撑,实现股份管理部门对各组织的有效监管与协调,以及股份管理部门、各分厂之间的高效协作,实现多组织架构下计划体系高效运作、车间现场精细管控、财务统一管理等转型目标。

针对上述需求,双环传动与浙江用友软件有限公司(以下简称"用友软件")达成合作,用友软件基于用友U9 cloud为其量身打造了一套企业管理系统。

二、项目概况

用友软件打破并重构了工厂生产的全生命周期,为财务、人力、供应链、生产、成本等企业管控模块注入全新生命力,使产品的设计、研发、生产制造、营销、服务形成闭环,改变工厂生产模式。

用友U9 cloud是面向中型和中大型制造企业的云ERP,是企业数智制造创新柔性多组织架构和灵活的参数化设置,用友软件为双环传动量身打造了一套适配的企业管理系统。该系统通过优化不同组织、不同车间之间的业务流程,减少不增值的业务活动,降低企业的管理风险,帮助双环传动实现了物料、BOM和工艺的同步,从物料需求到生产排产,从完工入库到物流发货,全程数据共享、协同,该系统是双环传动数据管理平台的重要组成部分,如图1所示。

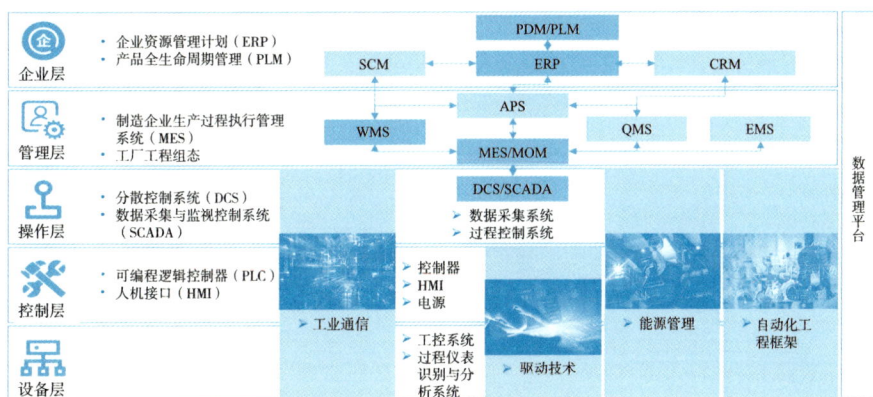

图1 双环传动数据管理平台

三、应用成效

双环传动通过产供销一体化建设,整体运营成本有效降低,产成品库存减少100余万件,减少资金占用超2000万元,同时大幅度降低了库存风险。另外,该平台内嵌业务指引,减少了业务咨询量;向导式操作界面,节约了超过60%的业务流程时间。其管理价值还体现在以下方面。

①打造柔性组织架构,实现多法人、多事业部业务协同和基础数据协同。

②供应链高效协同,实现了双环传动与上千家供应商的云端对接,形成了集团集采模式成型,协同效率提升。

③生产执行协同,作业计划实时下达到机台、作业进度智能采集、实时反馈。

④吸收成本方面,可进行吸收成本核算、实时归集工序成本。

JETRUN-MOM 捷创食品行业套件应用

——宁波捷创技术股份有限公司

一、项目背景

随着数字技术的快速发展,数字经济新动能持续增强,食品行业数字化正在重塑整个行业的核心竞争力和经济发展模式。尤其是在现代食品科技的推动和日益加剧的市场竞争下,传统的生产模式、纸质的数据记录方式、较为老旧且独立的系统,以及依靠人工经验排产已无法满足食品企业发展的需求,食品生产方式变革和数字化发展已成为必然趋势。

广东某生物科技公司的产品种类多,工艺操作复杂,该企业在以玉米为原料,运用现代生物技术进行深加工生产淀粉糖系列产品过程中,存在以下问题。

①客户需求产品不同、产品批次不同、工序流程多,成本核算及统计记录难,该企业原先使用的系统只记录结果,不记录过程,难追溯,无法对日后生产成本控制提供有效建议。

②管理人员使用的是纸质单据、纸质看板,获取生产信息滞后,无法及时发现生产异常。

③无法实时了解车间线边库存情况,排程效率低,存在缺料停机的风险。

④物料管理不规范,半成品、成品库位区域规划不明确,一些不必要的备料过多。

⑤能源管控不精细,无法分级管控,能耗过高。

该企业为与时俱进、不断提升精细化管理能力,提出"智能制造"战略,包括以下几点。

①建立基于5G网关等设备互联互通的移动化APP和MOM的协同系统平台。

②利用平台更好地优化能源、生产等方面的管理、控制成本,实现柔性化生产过程中的供应链协同。

③形成业务流程系统化、精益化、智能化管理模式,实现工厂、各车间数据智能化运作和实时可视化。

④降低数据重复操作和人工成本,提升生产管理效率、作业标准、品质管控和设备效率。

二、项目概况

宁波捷创技术股份有限公司(以下简称"捷创技术")作为一家数字化工厂建设服务商与制造商,凭借20多年深耕制造业深厚底蕴,聚焦食品制造各细分领域的发展痛点和挑战,打造了JETRUN-MOM捷创食品行业套件(图1),全方位赋能食品制造业企业数字化、智能化转型,从而使其有效应对市场波动,增强整体运营的灵活性与韧性。

图1 JETRUN-MOM捷创食品行业套件

JETRUN-MOM在该企业实现了从订单录入销售系统,到原材料采购、产品生产、质检、设备、能源、仓储、物流等完整的数字化应用的覆盖,解决了该企业复杂生产业务模型信息的交互问题。

(一)计划管理智能化:高效解锁排产需求,实现资源优化与库存减压

JETRUN-MOM通过与该企业现有的WMS和ERP的无缝对接,确保了数据的一致性和实时性;通过构建一个集中化的数据平台,汇集了来自不同系统的生产计划、配方、库存、在制品及已订未交订单等信息,并能够基于历史销售数据和市场趋势进行需求预测,实现对企业资源的最优化配置,从而科学安排工单排期并合理规划库存,最大化生产线利用率,减少等待时间和换线成本。

(二)生产管理可视化:让全流程、全时段订单进度可跟踪

JETRUN-MOM的生产管理模块借助SCADA系统与排产关联,可读取设备运行数据,自动反馈生产进度,数据自动传回给ERP,减少了跟单

的工作量。通过数字看板对人、机、料、法、测等环节的数据的实时查看和分析，该企业可以及时发现生产工序瓶颈、物料缺料/滞料、能耗过高等异常情况，实时调整库存安排和生产计划，从而实现按批次的生产计划管控及批次成本的分析（能源、物料、设备）。

（三）精细化物料管理：实时库存反馈，优化库存压力

JETRUN-MOM的仓储管理模块利用RFID和二维码技术，自动跟踪物料入库、出库及移动情况。同时，该模块严格执行先进先出的库存管理方法，能够实时监测仓库环境条件（如温度、湿度），以及查询在制品/半成品的库存情况和物料状态，减少物料过期、变质风险，防止物料拿错，多投、少投，减少不合格品。

（四）质量管理数据化：全流程监管食品质量，保障食品安全

JETRUN-MOM的质量管理模块与SCADA系统实时关联，持续采集并记录包括温度、湿度、压力、流量以及包括机器运行速度在内的多项重要工艺参数。多环节监测并分析食品质量与工艺参数关联权重，实时调控相关产线设备运行参数，使生产状态达到最优。多维度、双向对生产全流程进行追踪溯源，从而显著提高食品的整体质量和安全性，提升该企业的品牌信誉度。

（五）设备管理精益化：产能精准预测和故障智能预警

JETRUN-MOM的设备管理模块通过与SCADA实时关联，利用设备健康度、设备产能负荷相等参数，科学预判产能；全天候监控关键设备的工作状态参数（如振动、温度、电流等），自动识别并分析偏离正常范围的数据点，对设备维护及备品备件更换计划提供有效建议；通过建立电子化的设备点检、保养和维修计划，按计划实时推送提醒相关人员，实现设备关键参数与生产联动。

(六)能源管理透明化,精准控制和高效管理用能成本

JETRUN-MOM 将计划管理、质量管理与 SCADA 物流调度、产线监控、设备管理、能源管理等环节的数据集成到云,让车间完全可视化、透明化,帮助该企业对能耗数据进行周期性、持续性监测和分析,减少了能耗的异常波动,并结合能源管理总计量管网图的应用,实现了该企业生产单元的批次单耗和成本核算。

三、应用成效

JETRUN-MOM 捷创食品行业套件通过 WMS、ERP 与 MES 的深度融合,确保所有该企业业务层数据实时同步,提高了决策的准确性和及时性,实现了全模块数据互通。

JETRUN-MOM 通过支持组分式的可配置配方,在流程行业中显著降低了生产排程的难度,并提高了系统的易用性;提供可配置式的组织架构,这在能源管理中的计量管网图应用方面的优势尤为突出,便于进行生产单元的批次单耗和成本核算;基于生产槽罐物料成分的在线物料平衡系统,优化生产计划,提供精准的作业指导。

JETRUN-MOM 帮助该企业将设备维修频次降低 40%,数据完整性提高 95%,能源消耗降低 2%,计划排产效率提升 30%,纸张消耗减少 80%,企业库存降低 10%。

面向生物医药领域工业互联网APP应用解决方案

——明度智云（浙江）科技有限公司

一、项目背景

当前，生物医药企业在药品生产过程中仍依赖于传统的生产管理规定和生产人员的素质。现有的ERP系统和底层自动化系统分离，无法确保车间生产信息互通良好，这导致企业无法准确把握生产进度、数量和交期；而现有的药品批生产和批包装过程主要依赖纸质记录，关键数据如工艺参数、质量参数、物料消耗和成品产出等数据需要通过人工手动转入Excel等工具中，表单流转程序复杂，这导致信息传送不及时，管理者人员无法及时获取工艺优化和品质改进的数据证明。在全球市场竞争日益激烈和政策监管不断加强背景下，生物医药行业迫切需要在质量规范、技术创新等方面取得突破。

对此，明度智云（浙江）科技有限公司（以下简称"明度智云"）提供了一套面向生物医药领域的工业互联网APP应用解决方案。

二、项目概况

明度智云协助生物医药企业先后建设实施SCADA、MES、QC LIMS、WMS、智慧监管"黑匣子"等面向智慧药厂的医药智造APP，为其构建了从生产、质量到智慧监管的制造活动一体化智能管控体系,帮助企业提升数字化、智能化水平,提高研发效率,保障生产合规稳定,建立智慧药企全程可追溯体系,提升整体竞争力,该解决方案如图1所示。

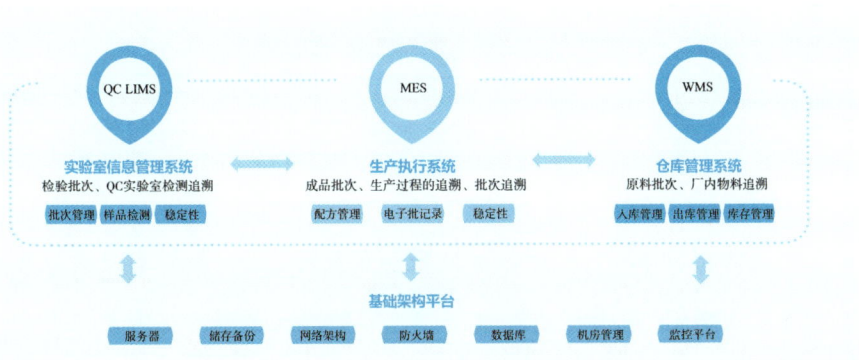

图 1   解决方案示意图

①质量过程全监控。实现从原料入库开始,直至最终产品入库的整个闭环全程质量监控;通过系统化的监测和记录,确保产品质量符合最优标准,并实现"原料采购—生产制造—最终产品"全生产过程可追溯。

②生产过程数字化。借助 MES、EBR、EAM、SCADA 等 APP,覆盖"人机料法环"核心需求,实现生产过程数字化,并为持续优化提供数据支持。

③仓储管理智能化。将 WMS 与 ERP、MES 数据打通,实现智能物流设备调度、流通全程可追溯和数据的即时透明;在基于 GMP 法规的设计下,为生物医药企业提供一站式智能仓储物流解决方案,提高仓储及流通效率。

三、应用成效

明度智云面向生物医药领域的工业互联网 APP 应用解决方案,利用云计算、大数据、物联网、人工智能等技术,根据生物医药企业全生命周期不同场景数字化需求,形成涵盖研发、生产、质量到物流的全栈式数字APP应用矩阵,帮助生物医药企业提高研发效率,保障其生产合规稳定,建立智慧药企全程可追溯体系,助力国内生物医药企业实现数字化、智能化转型升级。明度智云目前已申请166项专利,软著75项,服务医药企业超300家。

该解决方案解决了生物医药企业生产过程中质量控制依赖人员操作,生产进度、交期及质量波动性大,成品放行周期长,上下游生产工序缺乏执行联动反馈,工艺规程到操作规程转换复杂,相似工艺的操作规程配置复用率低,缺少有效知识沉淀等问题。该解决方案覆盖药企生产核心需求,并应用了人工智能等技术提高生产效益,实现工厂减人化、无人化,节约批次统计与放行时间70%,缩减偏差处理等待时间10%,手工数据录入时间减少70%,生产计划准确度提升30%。

基于数据安全的智能诊断评估解决方案

——杭州美创科技股份有限公司

一、项目背景

某燃气企业是综合性城市燃气运营企业,负责保障燃气安全供应和服务,其应用系统作为关键信息基础设施,包含燃气设备维修、燃气设备安装、燃气设备检查、燃气抄表、燃气相关问题咨询五大板块,涵盖工业、运营、个人信息等核心数据,是数据安全治理项目的试点,该企业急需通过数字化手段,实现生产经营、运营管理、服务水平等方面的提升。

基于该企业数据安全防护的现状和具体需求,杭州美创科技股份有限公司(以下简称"美创科技")围绕"让数据更安全更有价值"的核心目标,按照政策法规要求,以 DSMM 为指导,以数据流向和应用场景为切入点,帮助其进行现状梳理、资产盘点、风险评估,为数据安全建设夯实基础,形成了一套基于数据安全的智能诊断评估应用解决方案。

二、项目概况

该方案基于数据安全分类分级平台、数据安全综合评估系统等智能化工具辅助,可大幅缩短项日周期,减少人工成木,有效提升整个安全治理过程的准确度,实现快速、敏捷的项目交付。方案整体实施内容和工具辅助落地具体流程如下。

①现状调研。通过问卷调研、现场访谈、收集材料、工具探查等多种方式,从组织架构、政策制度和规范、业务特征、网络拓扑、数据存储情况、日常操作与管理等多个维度,全面摸底数据安全现状。

②数据资产梳理。重点参考国家行业地方分类分级标准指南,通过智能化工具"数据安全分类分级平台"对内部数据库进行自动化发现,多维度盘点数据资产,厘清客服类数据资产现状,在此基础上形成15类业务数据的业务流程图,5个一级分类目录,10个二级分类目录,最细粒度到5级目录,同时开展数据权限梳理,为后续数据安全精细化管控建立基础。

③数据安全风险评估。美创科技结合自主研发的数据安全综合评估系统(DCAS)对该企业数据安全现状进行分析。可根据风险等级,给予采取立即处置、限期处置、权衡影响和成本后处置、接受风险等处置方式的相关建议,以《数据安全风险评估报告》作为最终的交付物,其工作过程如图1所示。

图1　DCAS工作流程

④数据安全建设规划。根据数据安全风险评估的结果,结合客户方实际,基于合规要求,完成数据安全相关制度建设,为后续管理提供依据。从管理、技术和运营三个维度规划,开展数据安全建设的短、中、远期规划和建设工作,明确建设依据、建设规划、建设路径、建设周期、建设优先级等内容,为数据安全建设道路提供指引。

三、应用成效

①摸清家底,把控风险。美创科技通过数据资产梳理,厘清数据重要性和敏感度,实现各类数据资产的识别分类、账户权限梳理,帮助该企业快速、清晰了解数据安全现状和风险点,为数据安全建设提供依据。

②规划方向,指引建设。美创科技基于保护目标和风险点清晰的必要条件,通过建议采取适当、合理的管理和安全防护措施,为该企业数据安全后续建设提供指引;同时补充了新的数据安全制度,帮助该企业将部分现有制度进行了完善,同时规划了1~3年的短期建设计划和3~5年的长期建设计划。

③树立标杆,促进发展。该企业作为燃气行业优先落地数据安全咨询的企业,积极响应国家号召,基于法律法规要求,为数据安全精细化防护策略落地提供依据,为数据共享交换保驾护航,可发挥一定的示范引领作用。

某农牧业客户ERP降本增效案例
——杭州沃趣科技股份有限公司

一、项目背景

某国家重点农牧业龙头企业,其业务遍及全国,并在亚洲20余个国家发展;为更好地运营和支撑各类业务系统,该企业于2015年上线ERP系统,截至2024年年初,ERP平台上线分公司数量达到800家左右,核心数据库达60T,且以每月1TB的速度飞速递增。在整体工厂基础设施中,数据库平台部分面临如下挑战。

①在数据快速增长的状况下,系统负载越来越大,数据库系统的瘦身及优化刻不容缓。

②数据库的臃肿让前端感知不佳,业务卡顿、请求等待过长等问题时有发生。

③月结数据抽取期,数据库侧压力更为突出;④生产系统与灾备系统为同一底层架构,存在较高的物理风险。

针对上述问题,杭州沃趣科技股份有限公司(以下简称"沃趣科技")为该企业设计了敏态数据库平台解决方案。

二、项目概况

敏态数据库平台解决方案以QData高性能数据库云平台为核心,具体设计如下。

①将以往月结业务、数据抽取等作业迁移至QData高性能数据库云平台之上的备库,分担生产主库的访问压力,实现业务层的读写分离。

②利用QData内部高速IB网络,进行生产系统的快速克隆及仿真,为业务预上线验测、演练提供各种高增值服务。

③部分核心库采用沃趣科技独有的TCBD技术,解决昂贵闪存介质费用问题,有效节约存储成本。

④部署沃趣科技QPlus智能保护节点,将其作为核心生产系统的二级备库,同时,沃趣科技QPlus可利用STACK(堆栈)标准云平台技术,将生产端数据快速加工为备份资源池,具有作为测试沙箱、容灾演练、表空间专项恢复等多类增值用途。

敏态数据库平台解决方案框架如图1所示。

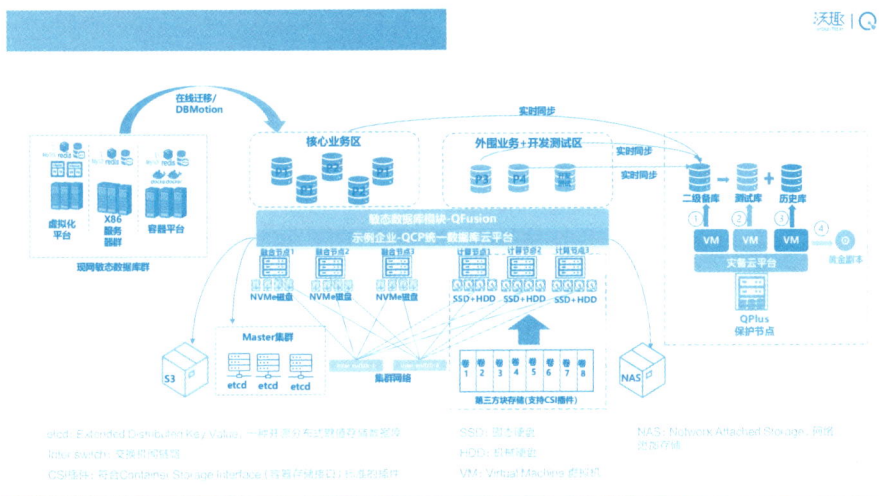

图1 敏态数据库平台解决方案

三、应用成效

敏态数据库平台解决方案取得了以下应用成效。

①该企业月结报表最高提速4倍,极大改善前端感知。

②得益于TCBD透明压缩技术,数据库可用容量提升3.7倍。

③实现容灾自动化监控,有效提升核心生产系统的运行品质,在生产系统故障的情况下,可实现数据库一键快速切换,保障业务的连续性和数据的安全性。

④实现数据资产的多重保护和价值挖掘,沃趣科技QPlus智能保护节点可提供生产系统任意时间点的快速恢复以及仿真库、测试库、历史库敏捷上线等各类增值服务;同时黄金副本作为各类数据资产的最后一道防线,可有效抵御勒索病毒的侵害,将企业损失降到最低。

助力双环传动搭建基于 iPaaS 的主数据集成管理平台

——杭州幂链科技有限公司

一、项目背景

浙江双环传动机械股份有限公司(以下简称"双环传动")为全球领先的汽车零配件齿轮供应商,在工厂应用系统支撑平台建设方面,已搭建多个平台,并根据自身需求自主研发了双环智控平台。但随着该企业内部信息系统建设步伐的不断加快,企业及部门信息系统应用数量不断增多,系统间数据横向共享、纵向交互需求也在逐步增加,大量重要数据以多种形式分布于不同的信息系统之中。同时双环传动 IT 部门通过内部技术开发,同步各系统间点对点的接口 API 调用,过程复杂、系统间集成维护管理困难。该企业急需通过主数据管理系统与 iPaaS 统一分发给外部系统,实现内网升级改造、新一代互联网技术应用、工业互联网平台建设和推广服务。

针对上述问题,杭州幂链科技有限公司为双环传动构建了一体化集成运营管理平台——幂链 iPaaS。

二、项目概况

幂链 iPaaS 打通双环传动 HR、IT、财务、市场、业务等各部门,实现了各个系统间的连接与协同,将大量人工操作的"增、删、改、查"优化为自动化执行,提升了跨部门间的协作运营效率,释放更多人力从事高价值工作。

相比传统系统集成,管理人员使用幂链iPaaS仅需通过简单的拖、拉、拽操作,即可设定一条API接口逻辑、传输逻辑与属性,并可将其作为编排流程中的节点,让数据自动流转、调用。幂链iPaaS在保障数据安全性的前提下保证了数据的质量,可自动执行对异构数据的收集与统一处理,为企业高效办公、决策提供了高质量的可视化数据支持,其框架如图1所示。

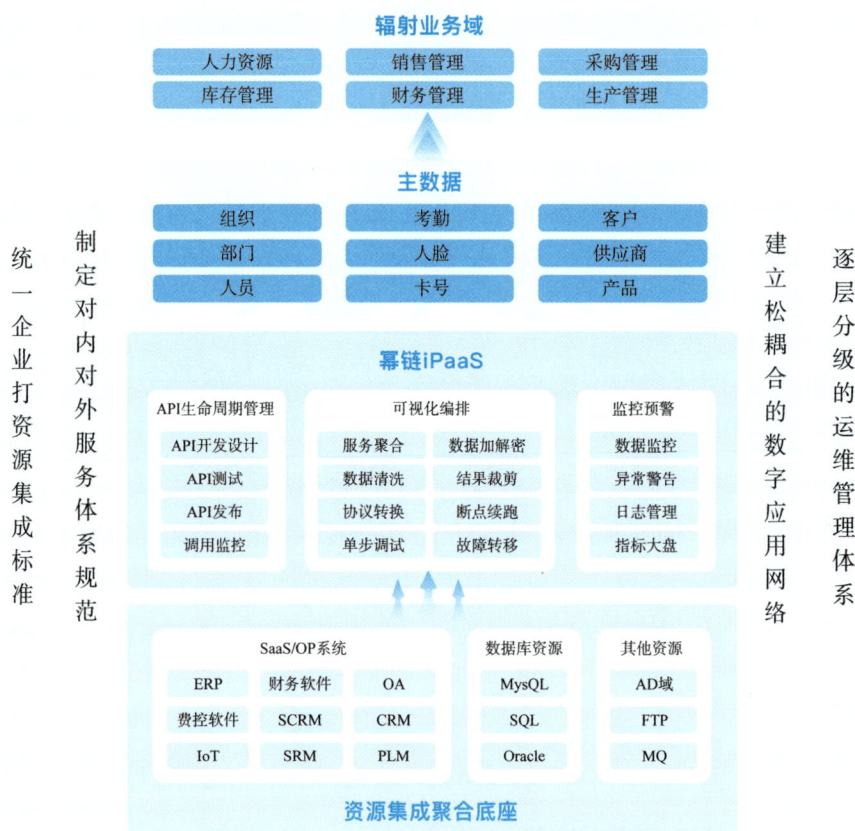

图1　一体化集成运营管理平台幂链iPaaS

幂链 iPaaS 实施中,双环传动结合企业业务特性,建成基于模型、可自定义的平台,最终实现通过简单的配置,完成数据管理系统的建设。

三、应用成效

通过幂链 iPaaS,双环传动大幅提升了各系统间的集成效率,集成成本降低 50% 以上,并实现了业务拓展及维护成本的降低;对比点对点集成,项目上线周期缩短了 90% 以上,幂链 iPaaS 有效提升了跨部门工作效率,降低了离职合规等风险,并具备以下优势。

①方案优势。幂链 iPaaS 可大幅缩短业务流程,减少联调和测试时间,降低成本,提升对接效率。

②技术优势。幂链 iPaaS 是领先的企业数字化转型技术架构,灵活可迭代,失败风险低,容器化管理,实施与运维简单,支持弹性横向扩容,可按需部署。

③模式优势。幂链 iPaaS 通过集成连接、集成管理、集成监控,提供应用集成、数据集成、图形化流程编排、API 全生命周期管理、API 门户、API 安全网关、可视化监控告警等功能,帮助双环传动实现管理升级。

第四部分

运维服务类

基于数据驱动的智能诊断评估应用解决方案

——新华三技术有限公司

一、项目背景

由新华三技术有限公司(以下简称"新华三")负责的该项目服务浙江、江苏、福建等多地企业的智能化改造和数字化转型,覆盖电子信息、机械制造、纺织服装、食品饮料、钢铁有色金属、汽车制造、航空航天、轻工家电、石油化工等行业,服务共计300余家企业。

二、项目概况

该项目提供了一套基于数据驱动的智能诊断评估应用解决方案,能为企业提供数字化和智能化的业务支持。该解决方案围绕企业业务数字化、生产过程智能化等相关领域,从数字化转型、两化融合、智能制造、工业互联网等多维视角,对企业发展现状进行测评、问题诊断和对标分析,深入了解企业的优势和不足,依照企业需求情况提供不同层级、不同颗粒度、符合企业实际和核心需求的企业或产业集群数字化高质量发展的策略建议。

该解决方案可提供线上线下相结合的智能化改造"一对一"诊断和个性化诊断报告服务,实现对智能制造成熟度的评估和诊断。该解决方案中的诊断平台是一款基于国家有关部门制定的模型与标准搭建的专业测评服务工具,该平台通过对企业各方面的评估与评价,生成专业详细的评估分析报告,帮助企业、政府部门了解自身情况,并为后续规划、优化、调整等提供参考和指导意见。在形成诊断报告的基础上,该平台还可根据企业当下存在的困难问题和业务战略等关键信息,一键生成数字化转型技术方案,大大节省方案编制时间,提高工作效率;以及利用机器算法智能精准匹配专业解决方案,并与对应专家库产生关联,方便后续的针对性咨询服务。

三、应用成效

该解决方案实现了服务商机构(专家)管理、诊断任务分配、线上线下诊断、诊断报告上传、诊断过程追踪、诊断驾驶舱等诊断过程的全流程闭环管理;通过对企业各方面的评估以及评价,提供专业详细的评估分析报告,帮助企业、政府了解自身情况,并且为其后续规划、优化、调整等提供参考和指导意见。也可为政府提供微观数据,协助政府对辖区内企业进行深入剖析,构建出全面的企业画像,辅助中观产业链分析及宏观经济决策大脑。

该解决方案主要功能和特点如下。

①完备的智能制造评估体系。可提供一系列管理和配置评估所用到的模型以及模型中特有的各类指标基准,包含:诊断机构管理,即管理负责诊断的机构信息;指标体系管理,即根据国家标准,管理各类指标内容及指标评分标准,维护指标间的关系,以达到维护整个体系的要求;评估模型管理,即根据评估的行业、企业、政府范围等不同,设置不同的评估模型,并且配置相关的评估内容。

②诊断评估全生命周期管理。通过诊断平台,提供在线诊断评估功能,政府和诊断机构可在平台上一站式完成诊断计划设定、诊断任务下

发、诊断过程跟踪、诊断结果分析等全生命周期。该平台还提供诊断评估分析功能,该功能为可视化大屏,可展示整个政府下属企业诊断的总体情况。

③沉淀可复用评估数据。通过积累的智能制造评估数据,辅助政府预测工业经济运行情况,优化顶层设计;帮助企业精准定位,快速对标。

工业互联网企业智能盾构远程运维操作系统应用

——雪浪平行(杭州)科技有限公司

一、项目背景

大型隧道掘进机是实现隧道快速、安全、优质施工的高端装备,是保障国家重大基础设施建设及国家经济社会高质量发展的国之重器。研发智能盾构,融合网络技术、通信技术和人工智能技术构建盾构大脑,对国产隧道掘进机解决可靠性问题、降低施工风险、增强国际竞争力具有重大意义。某隧道掘进装备头部企业,是专业从事隧道掘进机-盾构机和全断面硬岩掘进机研发制造和技术服务的大型国有企业,属于技术密集型企业。2019年,雪浪平行(杭州)科技有限公司(以下简称"雪浪平行")与该企业达成合作,基于雪浪云工业互联网平台(以下简称"雪浪云")为其打造雪浪云盾构智能化远程指挥中心。

二、项目概况

雪浪云是国家级的"双跨"工业互联网平台。雪浪平行基于雪浪云工业互联网平台,研发了雪浪云盾构设计运维一体化平台(图1),包括智能盾构机设计和运维数据资源管理与数据智能协同开发系统,打通了盾构机内部七大主要控制系统和外部多个施工环境感知和远程运维系统,为该企业打造一体化集成控制的盾构机复杂工况自适应控制中枢,以精准解决隧道施工过程中存在的难题。

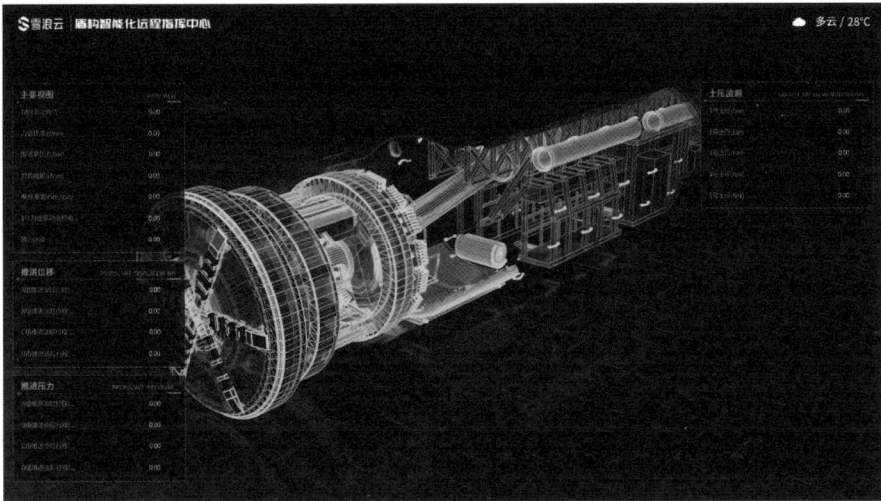

图 1　雪浪云盾构设计运维一体化平台

①雪浪云工业互联网平台,通过联合仿真、分布式异构、多学科优化、模型降阶复用、三维动态可视化、流程自动化等技术,将各类整机、子系统、关键部件等对应的大量分散的设计经验、设计流程、设计模型构建在统一的平台上,逐步沉淀出盾构设计所需的软件接口库、组件库、工具集和流程模板库,形成大量辅助盾构设计的工业 APP,并通过模型云市场在公司内部共享。

②基于雪浪云工业互联网平台构建的智能盾构设计运维一体化平台,可通过大规模数据实时汇聚技术、复杂系统云边协同部署运行技术和模型动态更新迭代技术,解决智能运维服务中的大数据汇聚、云边端协同和模型自适应等难题,实现设计阶段各类模型、算法、经验在运维阶段的应用落地,保障盾构机可靠运行、安全施工。

③施工运行过程中产生的大量地质数据、运行数据、监测数据,可通

过雪浪云盾构设计运维一体化平台直接进入设计侧标准数据库,以便该企业根据真实数据快速迭代新的产品构型,提升国产盾构机的国际创新竞争力。

三、应用成效

基于雪浪云搭建的雪浪云盾构设计运维一体化平台可实现以下三方面作用。

①在统一平台上实现数据、知识、流程、模型的联合计算,让复杂装备混合数字样机和数字孪生快速构建与验证成为可能,并进一步推动此类设计模型在运维阶段的应用落地,以提升运维服务的精准性。

②可实现故障的精准定位和诊断及推送,支持云边端协同,为新型盾构机设计、运维提供强大数据支撑。

③有效促进团队内外部的直接协同,包括制造企业、施工单位、高校和国家重点实验室等机构的大批高科技人才团队,增强其科研能力和创新精神,为我国高端智能装备制造产业的发展提供人才支持。

三宁化工数字化解决方案项目

—— 浙江舜云互联技术有限公司

一、项目背景

湖北三宁化工有限公司(以下简称"三宁化工")总投资145亿元新增酰胺及尼龙新材料厂区,该厂区占地1588亩,年产40万吨己内酰胺及聚酰胺切片、20万吨聚酰胺差别化新材料纺丝、20万吨尼龙。为实现对电机的全生命周期管理,提高电机运行的稳定性和经济性,同时实现电机管理的数字化,三宁化工与浙江舜云互联技术有限公司(以下简称"舜云互联")达成合作,共同建设新厂区硫酸车间和硫铵车间中电机数字化升级项目。

二、项目概况

在该项目中搭建的工业互联网平台以确保经济合理为前提,以优化测点配置、降低冗余为目标,能针对种类不同、重要程度不同的设备,通过不同测量设备进行精确监测,是按端、边、云架构设计的多维度、可扩展的一体化解决方案;在设备端实现APP、PC端、小程序等多维度数字化巡检方案,边缘侧通过多层级权限、报表、工单等日常功能提高运营效率,云平台提供大数据AI诊断,同时对重点设备进行专家在线看护,必要情况下专家进行实地检测,确保厂区安全稳定运行;通过沉淀的海量数据,向相关人员推送设备运行过程中的注意事项,协助三宁化工优化备品和备件库,减少冗余备件的资金耗费,基于工业互联网平台搭建的设备健康管理系统如图1所示。

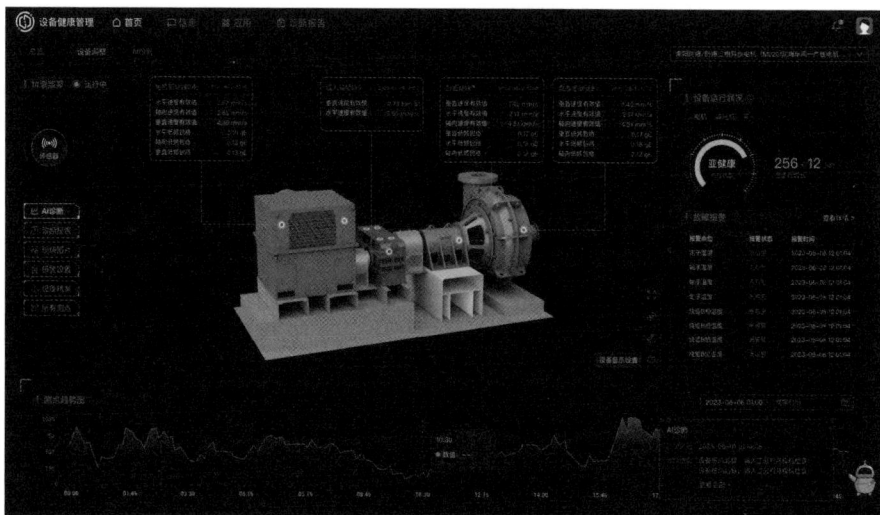

图1　设备健康管理系统

本项目通过对电机振动、温度等多维度信号进行数据采集,可根据线频率、电极通过频率、转差频率、转子条通过频率等专业分析参量,诊断电机的"定子偏心和绝缘问题""转子偏心和气隙不均""转子条和短路环断裂""转子条松动与端环接触不良""相问题"等专业电气故障,以提高设备安全运行水平,避免和降低设备故障事故,提高设备管理效率,同时减少人工巡检工作量和减少操作巡检人员,达到预期性维护、降低设备维护费用等目标。其具体功能包括:

①设备健康管理系统提供智能报警和固定阈值报警两种机组报警模型,能够满足不同场景下的报警应用需求;通过在现场部署智能算法,完成设备信息录入、报警指标计算、数据预处理三个环节后,根据用户指定的报警模型进行设备异常状态判断、报警推送,并最后由相关人员进行

报警处理。

②舜云互联的诊断分析人员可基于完备的数据进行专业分析,精准定位故障设备、分析故障根因,为三宁化工检修决策提供参考,以确定是继续监控运行或还是停机检修。设备基础信息档案、运行日志、故障案例均长期保存在设备树相关目录下面,方便三宁化工的新员工自行学习及专家团队的培养。

③对于成熟故障,该系统可实现智能诊断、自动推送诊断报告,如轴承损伤、齿轮箱轴承损伤、联轴器损伤、不对中(指设备在正常运行时,主动轴与从动轴各自的旋转中心不重合)、不平衡等,并提供相应的诊断结论,包括机组的故障类型、部位、严重程度,为现场人员的检修维护提供依据。

三、应用成效

该系统可实现提前预知设备故障、监控故障劣化趋势、滚动预测设备运行寿命等,将临时、非计划检修转变成计划性维修,为现场争取检修时间,减少非计划停机时间;同时为关键设备加装在线监测诊断系统,增加一层"保险",避免突发性故障引起的设备问题及对其生产产生影响。在人员保障方面,该系统可减少现场人员的工作量,减轻工作人员压力,设备实时看护压力由设备管理人员向公司后台诊断专家转移,为三宁化工减员增效提前做好技术基础准备。

三宁化工共接入各类设备79台,包括泵类、增压机和皮带机类设备。运作过程中,该系统在线监测发现一台硝酸还原增压机滚动轴承内外圈滚道存在磨损损伤故障,等级达到中期,后又经线下体检方式进一步确认。根据系统检测结果,舜云互联及时自动推送在线监测诊断报告和线下体检报告,并提出后续运维和维修方案。三宁化工根据维护方案有计划地组织维修(更换了轴承,提升了润滑效果),使得机组避免突发性停机损失,实现安全运行。

电力行业工控安全靶场典型应用

——浙江木链物联网科技有限公司

一、项目背景

随着新兴技术向工业领域的不断渗透,工控安全威胁正在从单机走向互联、从企业走向行业、从个人走向组织化。工控安全事件一旦发生,将造成一系列严重问题,危及国家安全和企业发展。国家电网浙江省电力有限公司电力科学研究院作为浙江电力探索新思路、新技术、新方法的排头兵,携手浙江木链物联网科技有限公司,围绕电力领域高仿真虚拟化融合工控安全靶场平台进行探索性建设,为我国电力领域工控安全系统建设发展贡献相关经验。

二、项目概况

(一)建设目标

工控安全靶场平台的建设是基于已部署系统的扩充,以及对技术深度、演练环境、案例展示的深化和定制化,包括沙盘优化、工控案例定制化、组态软件及 DCS、PLC 对接等。该平台将各类虚拟资源和物理资源纳入工控安全靶场平台,并提供全生命周期保障服务。该平台的建设旨在解决无法在真实环境中对复杂大规模异构网络和用户进行逼真的模拟和测试,以及风险评估等问题[1],实现工控安全测试评估能力、工控安全攻防演练与场景构建能力、工控安全新技术研究水平提升目标。

（二）解决方案

工控安全靶场平台采用分层递阶的设计思路，整体功能被模块化分成多个子系统，每个子系统对应不同功能[2]，其整体架构如图1所示。该平台集成平台应用系统和引擎支撑系统，其中平台应用系统包含攻防演练系统、产品测试系统、安全评估系统、技术研发系统、培训教育系统；引擎支撑系统包含攻防场景引擎系统、攻防资源管控系统、工控组件管理系统等。整个平台具有稳定性好、可信度高、扩展性强、便于维护的特性。

图1　工控安全靶场平台整体架构

三、应用成效

（一）人才培养

当前工控系统信息安全人才紧缺，依托工控安全靶场平台，工控安全人才培养可将理论与实践相互结合，实现教学、实验、攻防演练一体化培养模式，在工控安全概念、政策法规培训的基础上，结合攻防演示、协议解析等技术开展实操类课程,有效增强企业人员信息安全意识和兴趣,快速提升安全事件应急响应能力,有效缩短人才培养周期,实现组织内部工控安全防范技术实力整体提升。

(二)创新经验

提出网络靶场高扩展体系基本标准,满足开放性和融合性特征,为建立靶场生态奠定基础;高可伸缩和可扩展的虚实互联仿真技术可在满足大规模需求的前提下有效控制成本;多维度评估算法和防伪验证方法保障能力评估结果准确性。

(三)示范价值

基于数月在国家电网浙江电科院业务现场调研及电科院的深度参与,该平台各参数均处于行业领先水平,具备行业典型性特征。目前,靶场已支撑电科院实现电力专业网络安全人才梯队建设,电力物联网设备安全准入测试标准形成。

参考文献

[1]程静,雷璟,袁雪芬.国家网络靶场的建设与发展[J].中国电子科学研究学报,2014,9(5):446-452.

[2]蒋炎.电力行业高仿真工控安全实验室建设[J].工业信息安全杂志,2022,4:49-56.

视迈睿SMARPARA Q三维质量控制软件在航空起落架在线检测中的应用

——杭州宏深科技有限公司

一、项目背景

起落架是支撑整架飞机着陆的重要部件,事关乘客生命安全。凌云科技集团(以下简称"凌云科技")隶属于中国人民解放军空军装备部,是以飞机维修为主业的跨行业企业集团。凌云科技的"航空起落架在线检测"项目,是其根据检测环节的数字化转型需求,委托湖北工业大学负责系统开发,并提供测试场地等协助开发。

随着光学技术的快速发展,国内外三维扫描设备厂家逐渐增多,扫描设备的精度、速度、稳定性等关键指标也快速提升,配套的三维扫描数据的工业应用软件也随之出现,杭州宏深科技有限公司(以下简称"宏深科技")是在国内三维检测软件领域尚为空白的环境下起步,发展至今,在有些领域已领先于国外软件,宏深科技凭借多年开发经验和三维检测软件技术优势,负责对检测软件进行定制化开发,最终形成智能检测系统。

二、项目概况

该智能检测系统是在湖北工业大学机械工程学院钟飞教授团队的8项专利和技术成果支撑下,由协作机器人搭载先临三维科技股份有限公司的光学检测设备,以及宏深科技的视迈睿SMARPARA Q三维质量控制软件组成(图1)。其中,视迈睿SMARPARA Q三维质量控制软件内核为"航空起落架在线检测"项目提供了支持3D ANSI/ASME Y14.5形位公差功能,该软件能够自动计算与名义尺寸的误差,将精确的分析结果实时传输到控制界面,高效精确地发现产品缺陷位置。

应用该智能检测系统,凌云科技技术员工仅需半天即可完成对整个飞机起落架的检修工作,检修数据自动收录,从而告别了以往数据靠肉眼判断、靠人工填写的传统检修模式,检测精度有效提升。在江夏试验车间里,已经实现随着扫描仪的灵活移动,各项检测指标实时传输到智能展示平台。

图1　智能检测系统应用现场

三、应用成效

现阶段,该智能检测系统调试基本完成,大大减轻了凌云科技员工负担,加快了其项目开发部署周期。 相比传统检测手段需要经常返工,现在一次安装成功,至少能节约2~3个月时间,成本下降了60%~70%,实现了降本增效。据凌云科技反馈,过去检测起落架需要2名技术工人至少花3天时间才能完成,该智能检测系统应用后,仅需1名技术员工花半天时间即可完成,检测精度也远远超过传统检测手段。

设备健康管理与智能运维系统在核电站的应用

——杭州安脉盛智能技术有限公司

一、项目背景

在核电机组中,单次非计划停堆事故可能带来上亿元的直接经济损失,以及因核安全引起的不良的社会影响。当前,核电运维手段多为人工定期巡检进行预防性维护。一方面,依据现场人员经验判断故障原因并制定维护周期和方案,存在一定主观性;另一方面,设备过度维护现象时有发生,导致运维成本增加。因此,提高核电机组安全性同时降低运维成本是核电站的两大诉求。

基于以上需求,杭州安脉盛智能控制技术有限公司开发设计了集智能传感器、智能边缘计算、先进工业互联网软件平台、定制化数字孪生模型及工业人工智能算法等软硬件于一体的设备健康管理与智能运维系统。

二、项目概况

该系统在硬件上采用安脉盛智能无线振动(高频)监测装置,如图1所示,它是非介入式安装的智能无线振动温度一体化监测单元,其内部集成了先进智能算法、电池能量管理、自适应智能采集、带宽优化控制模块,能够与该系统的软件平台实现"云–边–端"协同,符合核电领域最严苛的测试认证标准,实现了设备状态的在线监测。

图1　安脉盛智能无线振动(高频)监测装置

该系统在软件上采用可控的、分布式、模块化和可重构的软件平台，该软件平台可实现数据采集管理、故障分析预测、知识经验积累和决策辅助判断，可根据算法需求定制化开发工业互联网架构的产品化平台系统，确保新应用的开发效率和系统可维护性。同时，该软件平台具备先进的模型管理工具和模型调用架构，有助于知识模型的数字化积累和更新。此外，该软件平台集成了自动数据采集硬件、智能分析统计工具、自动报告生成工具、自增长型故障案例库管理系统等效率工具，可有效减轻工程师工作负担。

三、应用成效

该系统可自动采集设备数据、分析设备的性能衰退趋势、判定此时及未来一段时间内设备处于何种健康状态，以便更早地进行故障预警，从而确定最佳维护周期及提供最优维护建议。一旦发现故障预警，该系统可结合过往故障案例、专家知识和机理模型，快速定位故障部位，准确辨识故障机理，协助工程师高效地解决问题;同时它也可按需自动生成设备状态报告，报告包含设备关键参数变化趋势和异常发生次数等信息，可协助工程师多维度地管理设备群。

目前该系统已助力核电站实现设备在线实时监测与状态评估,它通过自动跟踪设备劣化趋势,提前预警设备异常,辅助工程师缩短故障排查时间,提高了核电运行安全性和经济性,每年可为核电站节省设备检修费用数千万元,避免因灾难性事故引起的经济损失达数亿元,促进了核电站由预防性维护向基于设备实际运行状态的预测性维护方式转变。

基于数据湖技术的端到端供应链信息协同解决方案

——浙江天垂科技有限公司

一、项目背景

京信通信系统控股有限公司(以下简称"京信")是全球领先的无线通信与信息解决方案及服务提供商,为全球运营商及政企客户提供业界领先的全场景无线网络及智慧行业解决方案和服务。京信作为通信领域内的先驱,已采购或自建SAP、CRM、MES、QMS等八大业务系统并持续使用十余年。但由于这些业务系统较为零散,未进行系统性规划,京信在运营过程中依旧存在以下痛点。

①订单处理和生产计划调整复杂且频繁。面对激烈的市场竞争和多样化的客户需求,京信需要快速及时调整和处理越来越多变的订单和生产计划,传统人力操作已无法快速响应调整。

②订单排程困扰。京信同样面临电子信息制造行业中普遍存在的产线混乱、订单交期不确定性和接单不稳定等问题。

③资源优化问题。面临设备、人力、原材料等生产资源的无法最优化分配和调度的问题。

④瓶颈管理挑战。京信在生产过程中会遇到生产瓶颈问题,导致生产效率低下。

⑤智能模拟需求。京信面对市场波动,需要快速因应需求变动,例如抽单或插单,并就此进行实时性规划、增强支援决策能力。

⑥供应商管控问题。受多种因素影响,全球供应链断链风险提高,导致订单变动挑战严峻,京信需要加强对供应商的管控,以快速反应紧急订单,实现产销协作顺畅。

⑦实时监控难题。京信需要实时跟踪生产进度、设备状态、人员出勤等关键信息,以便及时发现并解决问题。

浙江天垂科技有限公司(以下简称“天垂科技”)协助京信深度开展业务流程梳理和业务模式探讨,基于京信实际情况提供以 APS 智能排程系统为核心的定制化整体解决方案,依托京信现有的以 SAP 系统为核心的八大业务系统,进一步完善信息化系统架构,搭建“企业级数据湖”,实现业务系统间数据的高效互联互通,并为京信未来信息化架构扩建、兼容提供强有力的技术支撑。

二、项目概况

天垂科技研发设计的 APS 是基于数据湖技术的端到端供应链信息协同解决方案,可覆盖京信从企业经营管理、原材料供给控制到生产计划排程、成品销售全业务流程端到端的数据信息协同等领域,起到辅助业务管理模式落地、降低过程中人力投入、大幅减少企业原材料供给晃动性、避免成品库存积压资金、提高企业柔性化能力等作用。

该解决方案可有效应对京信计划运营部、原材料供给部对原材料供应缺乏前瞻性管控导致的物料不齐套、生产无法按计划执行,以及大件物料周转时间长、占用库存空间等问题。可大幅减少计划运营部、原材料供给部、仓储管理部和生产部等业务部门跨业务系统校对急料情况的工作量,释放管理人员工作时间和精力。此外,该解决方案还可实现急单插单排程计划快速响应、订单交期快速计算；可精准追溯成品在销售体系内各层级间流转、调拨、结转等业务节点，大幅减少成品流转、调拨导致的账实不符、无法跟踪实物去向而带来的企业经济损失。

三、应用成效

该解决方案的应用成效如下。

①打造数十项关键物料的预约送货管理模式，减轻计划运营部、原材料供给部等部门的工作强度和工作量，降低大件物料不按计划送货的发生概率，将按计划到料率提高25%，降低原材料库存面积30%以上。

②通过急料看板（图1），改变原有急料跟踪"人找事，处理事"的模式，实现"事找人"，基本取代原有每天两次（耗时1~1.5小时）涉及多部门协同的对料会，每日至少可释放部门管理人员1小时的工作时间，大幅提高工作效率。

图1　产线实时看板

③该解决方案的APS智能排程将原有急单插单排程调整周期从3天缩短至小时级，实现销售业务端交期快速响应答复，有效支撑销售人员

在前线获客、签单,同时逐渐形成库存与销售的供需平衡,降低成品仓成品库存的存放量。

④成品资产管理系统通过 SN 码与销售项目系统化关联方式实现成品管理责任到人,明晰成品去向、销售项目进展,减少成品去向不明造成的经济损失达上千万元。

诺力设备管理系统APP应用解决方案
——诺力智能装备股份有限公司

一、项目背景

随着智能制造、数字化改造的推进,制造机械设备的大量投入,普通的设备台账已无法满足生产现场对设备的要求。若机械设备管理不当,不仅会影响制造加工质量、加工效率,且易引发设备故障影响交期,影响企业服务水平,从而形成恶性循环。现阶段,企业信息设备的全生命周期过程涉及的数据量大、数据种类多,急需一套设备管理系统APP应用解决方案提高机械设备管理水平与使用效益,提高企业管理信息设备的水平。

针对上述问题,诺力智能装备股份有限公司为工业制造型企业设备量身打造了一套诺力设备管理系统APP应用解决方案。

二、项目概况

该系统后台采用BS架构管理设备全生命周期数据与业务逻辑,为设备相关日常业务使用人员的客户端提供相应接口,如设备管理小程序、APP操作平板等相关应用,便于他们完成日常的设备生命周期管理工作。设备生命周期数据包括设备采购审批与记录、维修保养记录、点检记录,以及设备的报废审批与记录;设备日常维护工作包括车间巡检、设备点检、设备保养、报修与维修等,该系统助力实现内部生产各环节之间、工序与工序之间物流体系相互拉动,以及生产拉动仓储物流的分拣及出入库,使输送环节更便于自动化管理,提高该系统柔性和灵活性,提高生产效率。

该系统支持移动端与电脑端同步控制,可有效解决工厂设备繁杂难以集中管理、实时监测、及时报修等问题,协助企业搭建更完善的工厂管理体系。

三、应用成效

诺力设备管理系统APP应用解决方案已经广泛应用于专用设备制造业、有色金属加工行业、纺织、医药等诸多行业。

在浙江海亮股份有限公司的智慧物流集成系统项目中,该系统实现了对海亮数字化车间内所有设备的管理,同时集成了应用物流搬运机器人的调度系统,使生产和物流环节的设备实现高效协同,助力企业柔性化生产和敏捷化作业,确保生产可持续化和高效率。

在上海凯流阿斯利康项目中,其物流系统中植入了诺力设备管理系统APP,可对AGV物流设备进行管理与故障预测提醒,保障项目物流不间断高效运行,提升搬运效率。

在浙江齐达纺织有限公司智能物流项目中,该系统采用了6台AGV设备,包含1套诺力自主调度系统、WCS系统、生产调度管理系统、PAD呼叫系统以及专机设备。该系统在WCS系统中提供设置任务执行和设备管控,能在不同区域开放不同功能权限,实现了各个环节的信息化管理,有效解决纺织行业设备管理问题。

采矿设备智能化管理解决方案

——浙矿重工股份有限公司

一、项目背景

随着自动化和信息化技术的不断发展,国内外采矿业信息化、自动化建设已取得一定成效,但涵盖矿山安全、生产、运营全过程的智慧化矿山整体解决方案开发仍处于起步阶段,矿山的生产效率、矿山安全、环境治理和节能降耗等现状不容乐观。浙矿重工股份有限公司(以下简称"浙矿重工")旨在开发适合不同投资规模、不同矿产资源开采的精益化、智能化、智慧化矿山管理系统,并扩大应用推广,以建立统一矿山控制系统和数据矿山为核心任务,整合各类矿山数据资源,建立数字化矿山空间数据库和集成化矿山数字化运营管理模型,关联矿山各类软件系统与数据流程,为矿山生产运行、安全管理、污染防治、节能降耗等提供数据平台和决策支持,助力矿山信息化改造,实现采矿自动化与智能化,保障开采工作安全、高效、可持续。

二、项目概况

某采矿企业原采矿设备无内置智能模块及传感器,操作工人需通过不间断地监视主机摄像头录像、电流仪表情况判断设备运行是否存在故障,通过油站或者手动阀门来调节排料口的开关程度,工人的劳动强度大,容易出错,设备的故障率高,使用寿命短,从而导致矿山产量和成品率低、能耗高。现引入浙矿重工采矿设备,配备智能化管理解决方案,采用破碎筛分设备内置智能模块及传感器,并通过设备智能控制系统对采集数据进行分析,实现了对设备生产参数的动态调整,如设备进料口和出口料大小、圆锥机主轴高度等的自动调节,通过大数据累积和分析进行智能化学习,实现了单机设备从启动、运行到正常停机的过程自动化,助推矿物加工企业实现机器换人。

该企业可通过APP对设备运行情况进行实时监测,包括运行数据、健康管理、产品升级更新、易损件维护等信息。该企业管理层获得相关信息反馈后,不仅可在第一时间了解设备的运行情况,还可将其作为员工绩效考核的依据,提升矿山现场管理的水平和效率。APP将设备的运行参数传输至售后服务中心,相关数据经过加工处理后,一方面为现场管理提供依据;另一方面便于及时预警和故障提示,采矿设备智能化管理解决方案总体架构如图1所示。

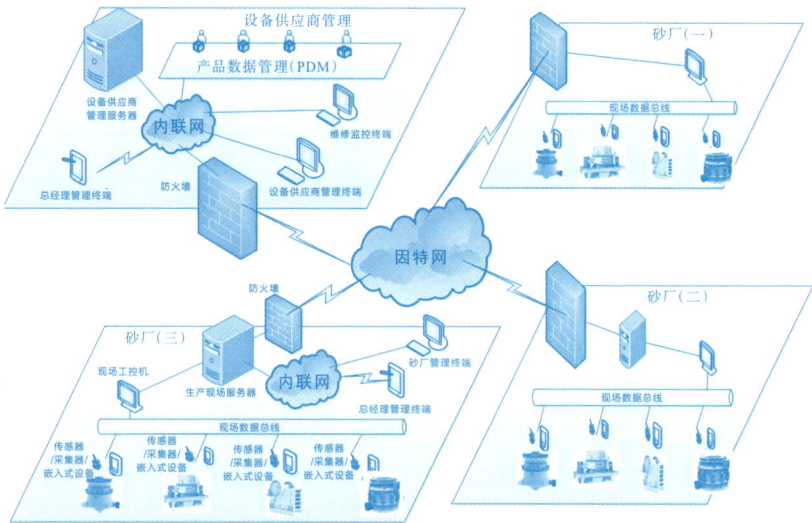

图1　采矿设备智能化管理解决方案总体架构

三、应用成效

浙矿重工采矿设备智能化管理解决方案是由PLC控制系统、远程诊断控制系统、智能定位系统、人机对话系统组成的专用控制系统,在实现远程控制的同时,降低了操作人员劳动强度,提高了生产安全性。该方案的实施有效降低了装备制造企业的售后服务成本,可进一步提高企业产品附加值、核心竞争力和主导产品市场份额,为矿山科学技术的发展提供强大的动力,使矿山规划管理具有更高效率、更多信息量、更高分析能力和准确性,从而提高矿山生产和管理的时效性、有效性、资源优化配置水平,助力采矿业可持续发展。

IIOS HUB工业数采与智联平台应用

——杭州指令集智能科技有限公司

一、项目背景

工业发展迎来4.0时代,如何推动和支持工业领域新一代革命性技术的研发和创新成为人们关注的重点。生产制造企业数智化转型,一方面需要结合人工智能技术,通过对实时和历史数据分析进行预测,保障机器的长期稳定运行和及时维护;另一方面需要实现IT与OT的结合,提升企业生产效能。然而,企业在实际实施过程中面临着诸多挑战,如工业设备的多样性和复杂性、杂乱的数据和数据孤岛、灵活多变的业务需求、愈发严重的安全问题等。当前市场已有诸多数据采集与互联平台产品,但上述问题仍未能得到妥善解决。企业需要一款性能稳定、扩展灵活、智慧化的系统软件。

针对上述问题,杭州指令集智能科技有限公司通过对业务的深入探索以及潜心研发,推出了新一代国产化工业数据采集与智联工具型软件IIOS HUB(指令集工业数采与智联平台)。

二、项目概况

IIOS HUB是基于指令集工业智能操作系统打造的一款面向工业设备采控领域的工具软件,结合了物联网、云计算、大数据等技术,可为企业提供一个可快捷完成从设备接入,到数据采集、处理、存储,再到组态应用开发,并进行全系统监控管理的综合解决方案。它具备强大的设备接入集成能力、设备管理能力,配备了丰富的驱动库,支持主流工业设备协议,可按照工控模式管理设备和点位,它有效降低了海量设备的管理难度,实现了设备的智能化管理;同时,提供开放的消息接口,可便捷地将设备数据发送到上层应用系统,实现了OT与IT系统的快速打通。

三、应用成效

IIOS HUB目前已广泛应用于工业场景数采及智联工作中,其在某项目中的应用如图1所示,对比传统软件具有以下优势。

①专业性高。专为服务工业企业而研发,内置多种工业设备协议,支持灵活的点位数据处理脚本,各工具模块符合工业领域使用习惯,专业性强的同时可兼容国产信创类服务器、操作系统和数据库。

②部署灵活。它可按需部署在私有云、公有云、物理机、虚拟机上,支持单机或集群模式,与传统的物联网平台相比,IIOS HUB具有更加灵活多样的部署方式。

③云原生技术。它与云原生相关技术栈的融合,保障了整个系统的稳定性,保证了系统业务、技术边界的无限扩展潜力。

④系统开放。它提供了从设备到系统的统一标准化设计,南向(物联网系统中下层设备与平台或网关之间的通信方向)支持特定场景下设备的全量快速接入,北向(物联网平台或网关向上层应用或云服务的通信方向)提供消息订阅、API调用、可视化设计器等多种业务开发方式,助力开发者简单高效地开发应用。

⑤安全可靠。它提供设备、数据、系统的统一安全管理与多重防护措施,降低物联场景潜在的安全风险,有效保障设备、数据与系统的安全。

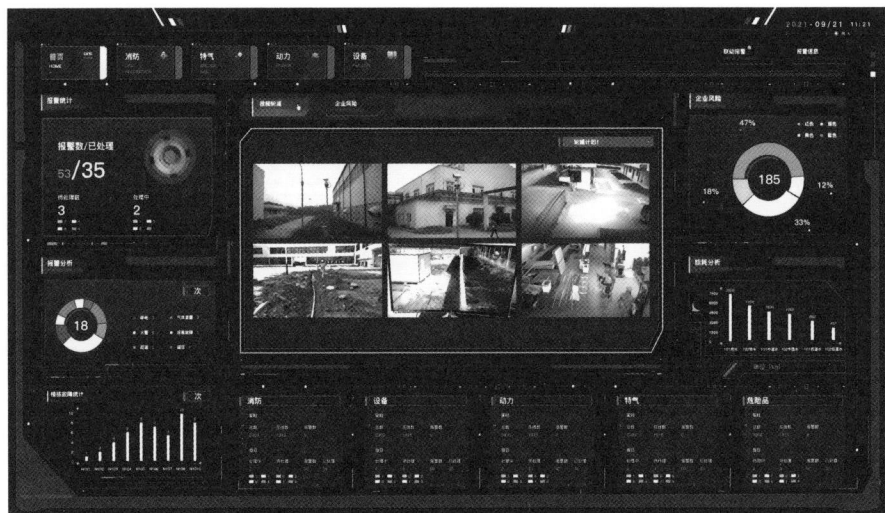

图1　IIOS HUB软件在某项目中的应用

浙江新能机电数智电机工程师APP应用

——杭州麦科斯韦网络科技有限公司

一、项目背景

浙江新能机电科技有限公司(以下简称"新能机电")是集电机研发、制造、销售为一体的高新企业,其核心产品包括新能源汽车电机与控制器、永磁同步电机、伺服电机、同步磁阻电机等。目前该企业面临的问题有:现代电机的设计指标要求提高、涉及多物理场软件分析设计的流程复杂以及应用门槛高、设计完成所需输出报告图纸繁多、客户对产品需求转向多品种小批量、专业人才短缺等。

针对上述问题,杭州麦科斯韦网络科技有限公司推出了数智电机工程师APP,新能机电率先应用了多方案全流程版,用于设计和优化公司其在新能源汽车电机和空压机行业的系列永磁同步电机,以及全流程文档的设置和输出。

二、项目概况

数智电机工程师APP是一款电机设计机器人,旨在解决电机企业"人、机、料、法、环、测"六大环节的产品技术问题,利用CAX设计仿真技术、云计算技术、AI人工智能等技术,通过系列化自动流程提供电机产品"需求—设计—报告—图纸—工艺—报价—生产—制造—测试—批量化"的全流程整链路方案和技术文件,助力新能机电突破人才、工具、投入等瓶颈,提升竞争力。该APP可单独或与工程师共同进行电机产品优化设计,电磁、热、结构、应力、振动噪声及控制器多场耦合自动分析,图纸与工艺制造文件自动生成,成本与报价销售支持,测试维护和跟踪服务等系列工作。

该企业员工只需安装客户端(电脑及手机)或登录网页版,即可联网实时使用软件,实现产品快速设计,实时输出各类所需报告和图纸,手机版客户端界面如图1所示;简单输入需求数据,即可完成云平台自动计算分析与方案优选,极大提升设计效率。该APP通过定制流程化全链路模板保证了准确性,拓展和提升了员工能力,在节省人力物力的同时,提升了响应速度。

一键自动生成电机多场耦合分析报告

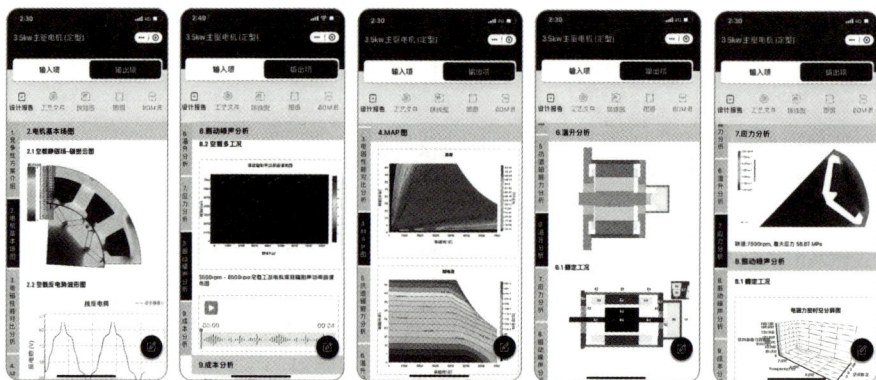

图1 手机版界面

三、应用成效

①节省人力投入及研发成本。依靠强大云计算算力以及智能优化设计方法,帮助新能机电减少超百万元的软硬件设备投入及人员成本。

②可快速响应研发及生产制造过程中所需要的各类文件及图纸输出,实现从电机设计软件工具到产品解决方案转变。

③融合了多项先进技术,提供了全新的产品研发工具,紧密结合电机设计研发领域实际产品和运营特性,能够快速提供产品设计和优化方案,提升技术研发效率及准确率。

④建立了从研发设计到生产,直至贯通产业链上下游的各类标准化模板和数据库,协助电机企业完善从研发到生产的标准流程,推动其数字化转型。

⑤带来全新的技术资料等知识资产管理方式,降低技术人员离职导致的技术流失或断档的风险,助力电机企业实现知识和技术的数字化传承。

基于区块链和AI技术的面向危化安全生产数字化管理的解决方案

—— 杭州宇链科技有限公司

一、项目背景

危险化学品（简称"危化"）具有易燃、易爆、易中毒等特性，一旦在其生产运输或使用过程中出现纰漏，可能引发火灾、爆炸、中毒等安全生产事故。危化监管呈现"两多两高一大"（涉及物品种类多、监管履职部门多、日常风险隐患高、社会舆论关注高、产生后果影响大）特点，传统监管模式存在一定风险隐患。部分企业对政府监管制度条例理解不深，相关规章制度未能建立健全或未得到有效落实和执行，所配备的安全监管人员缺乏系统有效的责任监督与执行力度，危化监管内部安全隐患突出，数字化程度低，第一安全责任人缺乏精细化管理抓手，这严重增加了安全生产中事故的发生率，危化安全生产领域急需向数字化管理转型。

二、项目概况

该解决方案核心技术体系主要集中在区块链、隐私计算、可信硬件三个领域，专注于危化安全生产领域，融合物联网、区块链、大数据等技术，以风险监测预警和实时感知为重点，聚焦事故频发环节，依托核心技术能力打造区块链数据安全模组、可信大师APP等主要产品。相关企业和政府可通过移动终端和电脑终端等多种方式组合使用和管理。危化品的使用和储存在移动终端APP上进行记录,监管人员可根据实际情况提供不同程度的预警信息。区块链数据安全模组内嵌宇链区块链安全芯片VCC01AP-10,实现了产业链关键领域的"填空白";可信大师APP属于其他类别产业技术基础的工业四基大数据平台,基本实现产业链关键领域的"补短板"。

目前该解决方案在以下细分领域已十分成熟:智能巡检、重大危险源管理、危化品管理、特殊作业许可与作业过程管理、风险管控管理、应急管理、培训管理等。可实现详细的危化品生产巡查、抽查、采购、申领、出入库、使用、管理、储存等全场景数据上链,解决从物理世界数据采集到数字世界数据存储的全流程可信难题。

三、应用成效

该解决方案将"数字化"融入安全生产监管中,协助企业增强对安全生产的感知、监测、预警、处置和评估能力;由人工智能算法AI分析数据综合研判代替人工巡检,实现安全监测无人化以及安全管理报表大数据分析自动生成,节省企业50%的用人成本,实现监管人力"降本增效";使用AI技术自动识别,异常情况捕获率是人工效率6倍以上,实现智慧化管理;结合二维码、RFID标签、区块链安全芯片等物联网技术,对危险物品开展全生命周期管理,物品流向清晰度提升85%以上;通过区块链实现账本一致性和数据的不可篡改性,明确自身行为记录的确定性和承担后果的必然性,保护企业经营数据隐私安全。

该解决方案已实现核心技术转化,在杭州、嘉兴、绍兴、温州、台州五个市的15个区县完成了平台应用和试点建设,已在浙江强伟五金有限公司、浙江协和薄钢科技有限公司、百合花集团股份有限公司等800多家知名工业企业落地应用。

移动存储介质安全接入解决方案

——浙江齐安信息科技有限公司

一、项目背景

电力监控系统的生产运维不可避免地需要借助移动存储介质,但大部分对工控系统的入侵都是通过移动存储介质摆渡进行的,且这些病毒具有传染性强、隐蔽性高、破坏力强等特点,对生产运行形成巨大威胁。目前该领域主要安全隐患如下。

①缺少针对病毒传播的防控机制,一旦用户使用已被病毒、木马等恶意程序感染的移动存储介质,这些恶意程序将快速在调度数据网传播,带来较大的安全风险。

②缺少接入介质的认证机制,无法管控移动存储介质随意接入带来的管理风险,无法保障用户数据传输行为的合规性。

③用户在终端上的数据传输行为缺少审计机制,易引发安全问题甚至数据泄露后无法回溯定位。

针对上述问题,浙江齐安信息科技有限公司提供了一套移动存储介质安全接入解决方案。

二、项目概况

该解决方案包括在移动存储介质与系统之间部署 USB 安全隔离保

护系统;采用用户"三权分立"(支持系统管理员、安全操作员、安全审计员三权管理,保证三权管控权限不重叠)的管理方式,其中系统管理员负责设备管理及策略管理,安全操作员负责对移动存储介质授权、隔离区、白名单及用户进行管理,安全审计员负责事后审计信息的管理,三者权限各自独立,互不干涉,现场部署如图1所示。

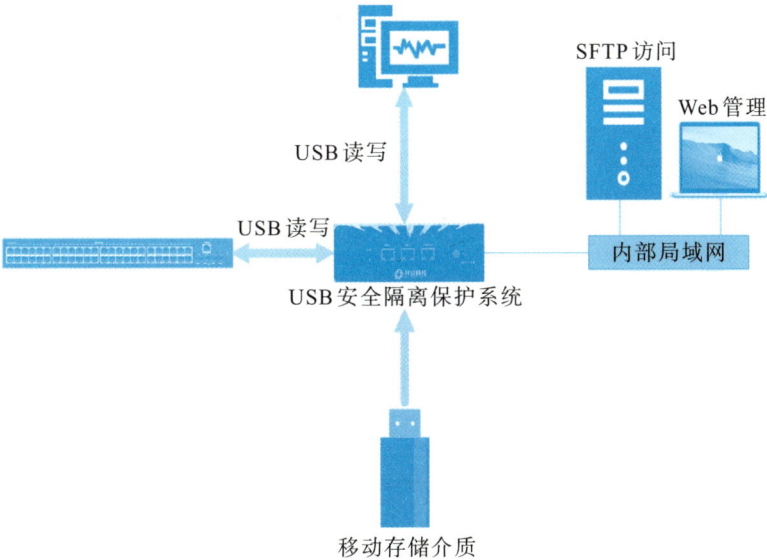

SFTP访问

Web管理

USB读写

USB读写

内部局域网

USB安全隔离保护系统

移动存储介质

图1　现场部署

该解决方案可实现以下防护及管理功能。

①杀毒隔离。基于传输数据特征码及检测算法进行格式分析及病毒识别,杜绝病毒通过移动存储介质传播,保护内网安全;支持多台PC机同时使用,支持多移动存储介质同时查杀。

②访问控制。可精细到读写层面,基于下发策略实现对移动存储介质中的文件进行多方面的安全操作(如读、写、删除、重命名、移动、上传文件等),支持多人同时访问、使用同一个隔离的移动存储介质。

③安全白名单,支持以自动、手动方式生成白名单检查规则,未加入

白名单的非法文件和应用程序无法通过安全检验,该功能可有效阻止各类未知恶意文件的感染、运行和扩散,确保将病毒、木马以及恶意软件阻挡在内网运行环境之外。

④介质管控。对移动存储介质采取身份认证和权限控制,只有经过授权的移动存储介质才能被 USB 安全隔离保护系统识别,防止非法介质的接入,采用独有的介质管控技术,安全系数更高。

⑤日志审计。实时监控 USB 接口接入,对系统管理员和安全操作员及普通用户的登录和操作进行记录,包括发生的日期和时间、事件主体身份、事件描述,供用户进行日志审计和行为追溯等。支持实时查看移动存储介质插入/拔出的告警,支持查看历史告警记录。此外,系统可划分不同的安全管理角色进行合理的权限分配,授权用户能够根据预定义的策略访问相应资源;可针对 IP 进行锁定设置,非合法 IP 段内访问都将被禁止操作;支持 SFTP、Web 等操作系统支持的文件传输协议;同时可提供公共的存储空间供用户进行文件存储。

三、应用成效

①病毒识别准确全面。采用国网认可恶意代码查杀引擎,对接入的移动存储介质进行扫描过滤,基于传输数据特征码及深度检测算法进行格式分析和病毒识别,杜绝病毒通过移动存储介质传播,保护内网安全。

②数据摆渡高效快捷。不需要在主机上安装任何驱动,设备安全稳定随时可进行过滤访问,解决 USB 口禁用导致数据摆渡低效问题的同时保障内网安全。

③数据交互安全可靠。采用 USB 接口和网络接口进行 USB 安全隔离和行为管理,有效杜绝移动介质病毒传播,安全有效地对内外网进行隔离,有效保障数据交互安全。

名词缩写表

英文缩略词	英文全称	中文名称
5G	5th generation mobile communication technology	第五代移动通信技术
AD	active directory	微软公司为方便网络管理而推出的一种目录服务
AGV	automated guided vehicle	自动导引车
AI	artificial intelligence	人工智能
AOI	automated optical inspection	自动光学检测
aPaaS	application platform as a service	应用平台即服务
API	application programming interface	应用程序接口
APP	application	应用
APS	advanced planning and scheduling	高级计划与排程
BI	business intelligence	商业智能
BIM	building information modeling	建筑信息模拟
BOM	bill of materials	物料清单
BPM	business process management	业务流程管理
BS架构	browser-server architecture	浏览器和服务器架构
CAD	computer aided design	计算机辅助设计
CAM	computer aided manufacturing	计算机辅助制造
CAPP	computer aided process planning	计算机辅助工艺规划
CPS	cyber-physical systems	信息物理系统
CRM	customer relationship management	客户关系管理
DAS	data acquisition station	数据采集站
DCAS	data security comprehensive assessment system	数据安全综合评估系统
DCS	distributed control system	分布式控制系统
D-MOM	digital-manufacturing operations management	数字化制造运营管理

续表

英文缩略词	英文全称	中文名称
DSMM	data security capability maturity model	数据安全能力成熟度模型
EAM	enterprise asset management	设备管理系统
EBR	electronic batch record	电子批记录
ECU-RELAB	electronic control unit reliability lab	电子控制单元可靠性实验室
ERP	enterprise resource planning	企业资源计划
ESOP	electronic standard operating procedure	电子标准操作规程
ESP	electronic stability program	电子稳定程序系统
FMEA	failure mode and effects analysis	潜在的失效模式及后果分析
FTP	file transfer protocol	文件传输协议
GIS	geographic information system	地理信息系统
GMP	good manufacturing practice	良好生产规范
HMI	human machine interface	人机界面(人机接口)
HR	human resources	人力资源
IB	InfiniBand	无限带宽
IoT	internet of things	物联网
iPaaS	integration platform as a service	集成平台即服务
IT	information technology	信息技术
KBS	the k board system	电子公告牌系统
LED	light-emitting diode	发光二极管
LNG	liquefied natural gas	液化天然气
MAP	motor map	电机性能数据域面图
MBSE	model-based systems engineering	基于模型的系统工程
MES	manufacturing execution system	制造执行系统
MQ	message queue	消息队列
MRP	material requirement planning	物料需求计划

续表

英文缩略词	英文全称	中文名称
MSD	moisture-sensitive devices	湿敏元器件
OA	office automation	办公自动化
OEE	overall equipment efficiency	设备综合效率
OP 系统	on-premise system	本地部署的软件系统
OT	operation technology	运营技术
OTS	operator training simulator	操作员培训仿真系统
PDA	personal digital assistant	掌上电脑
PDM	product data management	产品数据管理
PLC	programmable logic controller	可编程逻辑控制器
PLM	product lifecycle management	产品生命周期管理
PLMM	model-based-product lifecycle management	基于模型的全生命周期管理平台
QC LIMS	quality control laboratory information management system	质量控制实验室信息管理系统
QMS	quality management system	质量管理系统
RFID	radio frequency identification	射频识别
SaaS	software as a service	软件即服务
SAP	systems applications and products	SAP公司的企业资源计划系统
SCADA	supervisory control and data acquisition	监视控制与数据采集系统
SCARA	selective compliance assembly robot arm	一种应用于装配作业的机器人手臂,即水平多关节
SCM	supply chain management	供应链管理
SCRM	social customer relationship management	社交化客户关系管理系统
SDK	software development kit	软件开发工具包
SFTP	secure file transfer protocol	安全文件传输协议

续表

英文缩略词	英文全称	中文名称
SMT	surface mounted technology	电子表面贴装
SN	serial number	序列号
SOP	standard operating procedure	标准操作规程（作业标准书）
SPI	solder paste inspection	锡膏检测设备
SRM	supplier relationship management	客户关系管理
STEP	standard for the exchange of product model data	产品模型数据交换标准
SysML	systems modeling language	系统建模语言
TCBD	transparent compression for block devices	透明压缩
TPM	total productive maintenance	全员生产维护
UPS	uninterrupted power supply	不间断电源
USB	universal serial bus	通用串行总线
WCS	warehouse control system	仓库控制系统
WMS	warehouse management system	仓库管理系统
WPS	welding procedure specification	焊接工艺规范
XIETM	explore interactive electronic technical manual	交互式电子技术手册